Erfolgreich in den Alpen
Perspektiven und Strategien

Harald Gohm
Birgit Pikkemaat

www.alpine-future.com

Studia Verlag
Alpina Druck
Innsbruck
Tirol

Harald Gohm - Birgit Pikkemaat

Herausgeber

Erfolgreich in den Alpen

Perspektiven und Strategien

Fotonachweis:
S. 4 Salewa, Bozen; S. 14 Andrea Leonardi, privat; S. 36 Alpenkonvention, Innsbruck; S. 42 Therese Fiegl, privat; S. 72 Habsburg Kleidermanufaktur, Salzburg; S. 81 EURAC, Bozen; S. 106 Heinrich Klier, privat; S. 136 Handl Tyrol, Pians; S. 152 Zünd Systemtechnik AG, Altstätten; S. 172 Hochschule St. Gallen, Institute for Systemic Management and Public Governance (IMP-HSG), Research Center for Tourism and Transport; S. 188 oben Birgit Koell, Innsbruck

Graphiken:
Harald Pechlaner, Abb. Nr. 1-4, S. 91, 92, 95, 100
Pietro Beritelli, Abb. Nr. 1-3, S. 178, 179, 180

Umschlag:
Ausschnitt aus einem Alpenbild von
Franziska Königsrainer (francesca-arte.com)

Druck und Buchbinderei:
ALPINA Druck GmbH, Haller Straße 121, A-6022 Innsbruck

Printed in Austria 2016
ISBN 978-3-903030-19-0

„Der Erfolg liegt im Erfolg haben,
nicht darin, dass man die Voraussetzungen dafür erfüllt."

Fernando Pessoa

Inhalt

Vorwort der Herausgeber

Die Alpen bilden seit jeher einen der spannendsten Natur-, Kultur- und Wirtschaftsräume in Europa. Die Menschen, die hier leben, mussten stets dem Berg etwas „abringen", um ihre Lebensgrundlage zu sichern. Fleiß und Zähigkeit, aber auch Schlauheit, Erfindergeist und Sturheit sind Attribute, die man der alpinen Bevölkerung gerne zuschreibt.

Eine beachtliche Wohlstandsentwicklung prägte den alpinen Raum in den vergangenen Generationen. Nicht nur im wirtschaftlich wichtigen Standbein Tourismus, sondern in unterschiedlichsten Branchen entwickelten sich international äußerst erfolgreiche Unternehmen. Weltbekannte Marken, wie etwa Alessi oder Swarovski, sind in den Alpen ebenso entstanden, wie unzählige „Hidden Champions" und dynamische Startup-Unternehmen.

Doch der zukünftige wirtschaftliche Erfolg des „Wirtschaftsstandort Alpen" wird gegenwärtig auf eine harte Probe gestellt. Globale Wandlungsprozesse wie die Bevölkerungsentwicklung, die Globalisierung und klimatische Veränderungen, betreffen die Alpen stärker als urbane Räume. Der Ruf nach Zukunfts- und Erfolgsstrategien wird laut. So verlangt etwa der Schweizer Vordenker David Bosshart eine „kollektive Unzufriedenheit" in alpinen Regionen, um nicht in der wirtschaftlichen wie politischen Bedeutungslosigkeit zu verschwinden.

Diese Impulse waren der Ausgangspunkt für unsere Idee, ein Buch zum Thema des *erfolgreichen Unternehmertums in den Alpen* zu verfassen. Wir wollten von erfolgreichen Persönlichkeiten erfahren, wie sie die Situation des alpinen Wirtschafts- und Lebensraumes einschätzen und wie sie auf diese Herausforderungen reagieren.

Was bedeutet erfolgreiche Unternehmensführung aus der „alpinen Perspektive"? Was sind die Erfolgsfaktoren für ein erfolgreiches „neues Management"? Welche Werte und Ressourcen sind entscheidend für den Erfolg? Welche Führungsstile werden angewandt? Welche Geschäftsmodelle sind erfolgversprechend?

In den hier dokumentierten Gesprächen mit spannenden, kreativen und erfolgreichen Persönlichkeiten aus unterschiedlichsten Alpenregionen und Branchen wollen wir ein möglichst breites Spektrum von Strategien darstellen, wie dem „Wandel im alpinen Raum" unternehmerisch begegnet werden kann. Ausgewählte und renommierte Wissenschaftler erweitern zudem diese Sichtweisen um die Dimensionen Geschichte, Standort und unternehmerische Herausforderungen.

Ein herzliches Dankeschön gebührt unseren InterviewpartnerInnen für ihre Zeit, die spannenden Gespräche und die Bereitschaft, unser Projekt durch ihre Beteiligung überhaupt erst zu ermöglichen.

Ein besonderer Dank gilt auch unseren Gastautoren für ihre hochwertigen Beiträge, welche die Darstellungen der UnternehmerInnen bereichern und eine wissenschaftliche Dimension eröffnen.

Beim Umschlagbild handelt es sich um einen Ausschnitt eines Werkes der aus Südtirol stammenden und in Nordtirol lebenden Künstlerin Franziska Königsrainer, welches uns von ihr dankenswerterweise zur Verfügung gestellt wurde.

Wir wünschen Ihnen interessante und inspirierende Einblicke in die „Alpine Wirtschaftswelt".

Weiters würden wir uns auch über einen aktiven Gedankenaustausch mit Ihnen unter *www.alpine-future.com* freuen.

Harald Gohm & Birgit Pikkemaat
Innsbruck, im Jänner 2016

Die Alpen - eine Annäherung

am Sellastock

Über Mut, Risikobereitschaft und Sinnhaftigkeit
Heiner Oberrauch

Die Geschichte und Kraft der Alpen: was zeichnet sie aus?
Andrea Leonardi

Nachhaltige lebenswerte Alpen – Wirtschaften und Alpenkonvention
Markus Reiterer

Heiner Oberrauch

Über Mut, Risikobereitschaft und Sinnhaftigkeit

Begeisterungsfähigkeit und Mut stehen für die Arbeit von Heiner Oberrauch. Er kommt aus den Bergen und alle seine Unternehmen sind in irgendeiner Form an die Alpen geknüpft. Sein Erfolg mag auch darin begründet liegen, dass er die Alpen als einen Raum der Freiheit bezeichnet, der ihm auch Ruhe und Rückzugsräume bietet, um mit Leidenschaft an neuen Projekten zu arbeiten.

***Heiner Oberrauch** (geb. 1957) ist einer der profiliertesten Unternehmer Südtirols und durch seine Marken SALEWA, DYNAFIT, WILD COUNTRY, POMOCA und SILVRETTA weltweit bekannt. Der aus der Bozner Textil- und Lodendynastie Oberrauch-Zitt stammende Markenspezialist begann seine Karriere mit dem Vertrieb von Tischtennistischen und Norweger Pullovern. Seine Kompetenz wurde schließlich von der Münchner Sattler- und Lederwaren Genossenschaft SALEWA angefragt, welche der konsequente, bergbegeisterte Hobbybauer zum heute in seinem Besitz stehenden Unternehmensimperium weiterentwickelte.*

Herr Oberrauch, Sie gelten als einer der erfolgreichsten Unternehmer Südtirols. Viele Ihrer Unternehmen haben mit Bergsport zu tun. Welchen Bezug haben Sie zu den Alpen?

Oberrauch: Ich habe das vielleicht noch gar nie aus diesem Blickwinkel betrachtet, aber eigentlich sind alle meine wesentlichen Unternehmen an die Alpen geknüpft. Oberrauch-Zitt beschäftigt sich mit alpiner Mode. Vom Loden und der Tracht über die alpine bis zur städtischen Mode. In alle Bereiche lassen wir einen alpinen Kontext einfließen.

Ein junges Unternehmen von uns, die Feinkäserei Capriz, beschäftigt sich mit Ziegenkäse. Die Ziege steht geradezu sinnbildlich für die Alpen. Und natürlich stehen die Marken SALEWA und DYNAFIT für den alpinen Bezug, aber auch Marken, die wir importieren, wie z.B. Fischer Ski, haben diesen Bezug. Wahrscheinlich mache ich das intuitiv. Wir haben auch alle unsere Firmensitze in den Alpen angesiedelt. Grenoble für Frankreich, München für Deutschland, Salzburg für Österreich. Also nicht in Wien, nicht in Hamburg, nicht in Düsseldorf.

Ich finde, jedes Produkt braucht eine Heimat. Das ist ein Mehrwert, den das alpine Vorland schafft. Daher habe ich auch keine Angst vor der Entvölkerung des alpinen Raums.

Wohin entwickelt sich aus Ihrer Sicht der alpine Raum?

Oberrauch: In unserer Arbeit beschäftigen wir uns sehr viel mit den Megatrends der Zukunft. Sei es in der Mode oder im Sport. Ein erster künftiger Megatrend wird nicht Gold und Glimmer sein, sondern „Raum“. Großstädter leben in kleinen Schachteln. Es gibt ein menschliches Bedürfnis nach Raum und Freiheit. Der Hotelkonzern Falkensteiner reagiert darauf und bietet nicht nur vier Sterne „Türmele“ Hotels, sondern vermehrt Bungalows mit eigenem Garten an, um dem Gefühl nach Freiheit sowie eigenem Heim und Raum zu entsprechen. In den Alpen habe ich viel Raum zur Verfügung. Doch das ist Chance und Gefahr zugleich. Ich habe neulich einen Vortrag in Gröden gehalten und gesagt: „Ihr Grödner, um wettbewerbsfähig zu sein, müsst ihr bauen – aber zurückbauen!“

Der zweite Trend ist das Thema „Muse“. Wir sind ja 24 Stunden online. Der Mensch braucht aber auch eine offline Phase. Um offline zu sein bieten die Alpen natürlich schon ein gewaltiges Naturrefugium. „Muse“ ist ein Grundbedürfnis des Menschen. Deshalb boomt auch unsere Branche bzw.

befinden wir uns noch immer in einem Wachstumsmarkt. Aber wenn Orte auf allen Seiten mit Seilbahnen erschlossen sind, findet man keine Ruhe- und Rückzugsräume mehr.

Ein dritter Megatrend ist natürlich das Thema Gesundheit. Dabei geht es nicht nur um körperbetonte Gesundheit und längeres Leben, sondern auch um geistige Gesundheit im Sinne von spirituellen oder philosophischen Werten. Auch hier hat der Alpenraum eine große Chance.

Letztlich bin ich überzeugt, dass die Alpen ein Refugium sind, in welches man ziehen möchte. Wir werden auch eine verstärkte Völkerwanderung in den alpinen Raum und verstärkten Druck von außen bekommen. Daher müssen die Alpen verstärkt geschützt werden und manchmal muss auch zurückgebaut werden.

Aber es wird sicherlich auch Täler geben, wo nichts mehr sein wird, oder?

Oberrauch: Nein, das glaube ich nicht. Natürlich gibt es noch viele Orte, wo noch gar nichts ist, aber auch die werden sich noch entwickeln. Auch die Immobilien werden an Wert gewinnen. In Südtirol und im gesamten Alpenraum.

Können Sie feststellen, dass ein gewisses „Alpenraumdenken" eine rein nationale Betrachtungsweise verdrängt?

Oberrauch: Ja, ich denke das passiert. Es entwickelt sich ein Alpenraumdenken. Allerdings facettenreich mit verschiedenen Lebensgefühlen. Hier in Südtirol zum Beispiel ein bisschen „dolce vita italiana". Wenn man in Nordtirol ein Gasthaus betritt, merkt man sofort einen Unterschied – es geht etwas kerniger zu (dass dort immer noch geraucht wird, ist für mich unbegreiflich). Auch von der Küche her merkt man einen deutlichen Unterschied zu uns.

Dieses neue Alpenraumdenken wird aber auch ein anderes Wachstumsdenken mit sich bringen. Die Wachstumszeit, wie wir sie in meiner Generation kannten, ist definitiv vorbei. Wir müssen lernen damit umzugehen. Wir werden Qualität und Wachstum anders definieren müssen. Vielleicht Wachstum in Qualität und nicht Wachstum in Quantität.

Wir denken heute im Unternehmen auch nicht mehr spezifisch in Ländern, sondern eher in Makroregionen, wie dem Alpenraum. Im Umkreis von 200 Kilometern gibt es vier Länder, welche sich untereinander gesellschaftlich und kulturell viel näher sind, als etwa München und Hamburg. Wir sind zwar noch nicht so weit, dass wir sagen, wir machen eine Verkaufsleitung Alpen und eine Verkaufsleitung Norddeutschland und eine Verkaufsleitung Mittelitalien, aber wir denken im Marketing eigentlich nicht mehr in Nationen, sondern in Regionen.

Der alpine Lebensraum und Lebensstil liegt im Trend der Zeit. Gilt das auch für den alpinen Wirtschaftsraum?

Oberrauch: In den Alpen finde ich auf der persönlichen Ebene Freiräume, ein differenziertes Verhältnis zur Zeit, Möglichkeiten zur Entspannung und ein direktes Erleben der Natur. Das entspricht genau den Megatrends und Sehnsüchten der Menschen.

Doch auch wenn es um die unternehmerische Betrachtung geht, haben die Alpen beste Voraussetzungen. Aber natürlich nicht für alles. Eine Aussage ist da für mich ganz klar: „Für Masse ist bei uns kein Platz."

Die eigentliche unternehmerische Herausforderung liegt im Kampf um die besten Talente. Bei uns herrscht Vollbeschäftigung und meine Mitbewerber sind insofern nicht North Face oder Mammut, sondern alle Unternehmen. Bewerbungen von auswärts bekommen wir viele. Viele kommen auch von außerhalb der Alpen zu uns. Und wenn ich frage: „Wieso Bozen?", dann bekomme ich zur Antwort: „It's my dream." Berge, Skifahren, Snowboarden, Luft, 30% mehr Sonnenschein, nahe am Gardasee, ich habe alles da.

Was es aber von politischer Seite braucht ist „Leadership". Wir können wirklich die tollsten Köpfe herbringen, weil wir dieses tolle Umfeld haben und das ist viel wert. Das ist die Basis, um die besten Leute zu bekommen. Es wäre sicherlich auch möglich, High-Tech Unternehmen bei uns anzusiedeln. Doch es braucht dazu, wie etwa in Grenoble, eine wirkliche Headquarter-Strategie. Das verlangt aber politische Führung. Dabei ist es ganz wichtig, auch für Einheimische Wohnen leistbar zu gestalten und natürlich müssen auch die Einkommen entsprechend steigen. Die lokale Bevölkerung muss bei so einer Entwicklung mitgenommen werden. Darin liegt eine große politische Herausforderung, dafür braucht es „Leadership".

Würden Sie sagen, es gibt im Alpenraum spezifische Werte, welche die UnternehmerInnen auszeichnen?

Oberrauch: Ja, die gibt es. Die Leute sind arbeitsam und die *Bergleute* sind zäh, das kann man ganz sicher sagen. Weil sie auch die Jahreszeiten, den Winter und den Sommer, stärker erleben. Man sieht das ja bei Menschen, die am Äquator leben. Das gleiche Klima das ganze Jahr, sie sind halt lockerer.

Menschen in den alpinen Ländern müssen für die kalten Winter Vorsorge tragen. Ich denke, das wurde kulturell über Jahrhunderte geprägt. Das ist noch da. Dadurch kommt es auch zu einem gewissen sozialen Zusammenhalt. Das Leben in den Alpen ist nachhaltiger, bewusster, manchmal langsamer aber gesünder und verantwortungsvoller. Manchmal ist die Langsamkeit, wenn sie in Richtung Achtsamkeit geführt wird, eine große Chance und Möglichkeit.

Im Bereich der energieeffizienten Gebäude kann man sehr gut erkennen, wie gut dieser Wirtschaftsbereich zu uns nach Südtirol und zu den Alpen passt. Werte, wie Achtsamkeit, Nachhaltigkeit, das Natürliche und das Gesunde, verbindet man automatisch mit den Alpen. Jedes Unternehmen, das sich in dieser Nische positioniert, wird ein großes Potential vorfinden. Wenn die politischen Verantwortungsträger dies dann auch nach außen tragen und man die Kräfte bündelt, erarbeitet man sich einen deutlichen Vorsprung.

Bio ist glaubwürdiger in den Alpen, als im bayrischen Flachland. Da sehe ich durch unsere Kleinheit grundsätzlich eine große Chance.

Neben der Prägung durch den alpinen Lebensraum spielen in der persönlichen Entwicklung oftmals auch eine familiäre Prägung und Erfahrungen im Ausland eine wichtige Rolle. Welche Erfahrungen haben Sie diesbezüglich gemacht?

Oberrauch: Natürlich spielen diese Erfahrungen eine Rolle. Vielleicht vorausgeschickt: wir sehen uns als managementgeführtes Familienunternehmen. Das ist wichtig, denn eine Familie denkt in Generationen und nicht in Quartalsbilanzen. Allerdings sollen immer die Besten das Unternehmen führen. Die Familie gibt aber die Kultur vor und soll ein Umfeld schaffen, in welchem Menschen erfolgreich sein können. Gerade das Menschliche und die Motivation müssen in einem immer größer werdenden Betrieb erhalten werden. Aber jeder Unternehmer wird das anders machen.

Welche Rolle spielt die Internationalität für Sie?

Oberrauch: Internationalität ist absolut wichtig für uns. Die Schwierigkeit besteht aber darin, seine Wurzeln nicht zu verlassen. Das Logische vernachlässigt man aber leider oft. So haben wir versucht unsere Fotoshootings in fernen Ländern zu machen, während die deutschen Mitbewerber in die Dolomiten zum Fotografieren gegangen sind. Wir sind aber DIE Dolomitenfirma und hatten diesen Trumpf nicht gespielt. Das war ein Fehler von uns. Jetzt betonen wir unsere Herkunft mehr. Heute sind wir ein international agierendes Unternehmen mit einer klaren Vision. Wir müssen diese Internationalität spüren, zugleich aber „das Eigene" selbstbewusst vertreten. Diese Balance zu halten ist ein Kunststück.

Einerseits wird man in den Bergen weniger banal und macht nicht jeden Zeitgeist mit. Manchmal ist Langsamkeit auch ein Vorteil. Man ist nicht überall dabei und macht nicht jeden Fehler. Andererseits ist man manchmal aber auch zu wenig „draußen." Wir, die in den Alpen zu Hause sind, müssen aber raus, da einen die Berge rundherum zwar beschützen aber auch einschränken.

Ihre Werte sind eigentlich moderne Trends: Raum, Muse, Gesundheit. Begrifflichkeiten wie etwa Kameradschaft, Vertrauen, Handschlag usw. hatten Sie jetzt nicht erwähnt. Ist das vielleicht auch eine Generationenfrage?

Oberrauch: Nein, das ist keine Begrifflichkeit einer anderen Generation. Diese Werte sind für mich Voraussetzung. Das ist logisch, ein Teil unserer DNA. Da muss man bei uns nicht darüber reden. Doch „Handschlag"-Geschäfte kann ich nicht überall abschließen. Die Kulturen sind verschieden. So haben wir etwa gelernt, dass Verhandlungen mit Korea oder China mehrere Verhandlungsrunden benötigen und zäher sind. Generell muss man überall schnell und auch konsequent sein.

Grundsätzlich habe ich zwei Leitsprüche. Mein erster lautet: „Positiv zieht Positiv an." Man bleibt sonst oft beim Negativen stehen. Wir haben 1200 Mitarbeiter im Unternehmen und benötigen bis heute keine Stechuhren. Wir vertrauen auf die Selbstmotivation. Dieser Leitsatz gilt auch für den Umgang mit Fehlern. Wenn es zu Fehlern kommt und man sich ärgert, muss man schauen, dass wegen einem Fehler nicht die restlichen positiven Arbeiten untergehen. Diese Sichtweise beizubehalten, auch wenn man sich ärgert, ist oftmals schwierig.

Mein zweiter Leitspruch ist die „gepflegte Einfachheit", sowohl als persönlicher Lebensstil, als auch als Unternehmensphilosophie. Beides wird in unserer Familie weitergegeben. Wir haben gewisse Regeln. Etwa jene, dass rund 10% der persönlichen Zeit, aber auch 10% des Unternehmensgewinns für die Allgemeinheit investiert werden. Dies wird im Unternehmen gespürt und mitgetragen.

Auf ein Thema möchte ich an dieser Stelle noch gerne eingehen: jenes der „Sinnhaftigkeit". Ein Produkt wird heute nicht nur an dem gemessen was es kann, was es kostet, wie langlebig es ist, sondern auch danach, wie es hergestellt wurde. Die Sinnhaftigkeit und die Frage nach dem Sinn werden in unserer gesättigten Welt und in den kommenden Generationen noch viel wichtiger werden. Als ich das neue Firmengebäude plante, habe ich mich gefragt: „Was gibt Sinn in meinem Leben? Wenn ich 70 Jahre alt bin und vor meinem Hof sitze, was ist dann wichtig?" Wahrscheinlich wichtiger als ein halber Punkt mehr in der Bilanz ist mir dann, dass wir sagen können: Wir produzieren im Unternehmen mehr Strom als wir verbrauchen, haben einen Kinderhort, haben eine Küche und Essen aus der Region – nicht 100% biologisch, aber sehr wohl bewusste Küche. Wir geben mit der Kletterhalle am Firmenareal den Kletterern etwas zurück. Wir haben eine Fitnesshalle und sogar einen Park in welchen sich die Menschen – nicht nur aus unserer Firma, sondern alle – zu Mittag mit einem Handtuch unter einen Baum legen können. Das sind Dinge, die für mich Sinn machen. Doch all das macht man nicht aus betriebswirtschaftlichen Überlegungen, sondern aus Gründen der Sinnhaftigkeit. Dass wir damit richtig liegen, spüren wir an den Reaktionen der Menschen, die uns sehr viel Positives zurück melden.

Bei Ihnen ist das Produkt auch sehr eng mit der Tourismusbranche gekoppelt. Sehen Sie aus Ihrer Erfahrung auch ein generell höheres Vernetzungspotenzial zwischen dem Tourismus und der Industrie?

Oberrauch: Aus meiner Sicht wird in diesem Bereich zu wenig gemacht. Es gibt hier sicherlich ein großes Potenzial, einiges passiert ja auch schon. Im Tourismus haben wir aber leider oft ähnliche Angebote, die auch nicht dem zukünftigen Zeitgeist entsprechen. Dabei gäbe es viele Möglichkeiten.

Gerade über den Tourismus verstehen Kunden woher ein Produkt kommt. Der Bezug zum Produkt und das Verstehen des Produktes erlangen in der virtuellen Welt einen neuen Stellenwert. Da besteht noch viel Potenzial. Aus diesem Grund, Mehrwert mit den Produkten aus der Region zu schaffen, habe ich mit unserer Feinkäserei Capriz begonnen. Wir wollten zeigen, dass Käse nicht wie „eingeschlafene Füße“ schmecken muss, sondern wie in Frankreich ein gutes und spannendes Produkt sein kann. Es ist doch schön, wenn ich beim Frühstücksbuffet den Käse aus der Region esse und nachverfolgen kann, woher er ist. Bei einer Wanderung gehe ich dann den Hof besuchen und am Ende des Urlaubs kehre ich bei Capriz ein, besuche das Museum, schaue dem Käsemeister über die Schulter und nehme ein kulinarisches Souvenir mit. Denn Liebe geht durch den Magen. Das sind fantastische Konzepte, die weit über das Produkt hinausgehen. Auch in unserer Lodenwelt haben wir die Erfahrung gemacht, dass der Kunde deshalb den Mantel dort kauft, weil er dort die gesamte Produktion und Herkunft erleben und eine Beziehung zum Produkt aufbauen kann.

Wird somit das emotionale „Storytelling“, wie Sie es gerade für regionale Produkte geschildert haben, für die Menschen im urbanen Bereich wichtiger?

Oberrauch: Ja, aber mehr noch „das Verstehen“. Themenwege gibt es schon viele, aber aus meiner Sicht muss viel mehr aus der Natürlichkeit kommen. Man muss die Landwirtschaft erleben und dem Bauern bei der Arbeit zusehen können. Und für Produkte mit regionalem Bezug muss man mehr verlangen. Da ist noch viel Potenzial vorhanden. Aber man muss die Größe der Unternehmen im Auge behalten. Im kleineren Kreislauf funktionieren solche Strukturen wahrscheinlich gut. Wir sind mit unserem Ziegenkäse Capriz schon fast an der Grenze, wir sind schon fast zu industriell und zu groß.

Wie relevant sind für Sie die Themen *smart production* und *Industrie 4.0*? Schlagworte wie: „Ich designe mir meinen Schuh oder meine Jacke selbst“?

Oberrauch: Individualismus ist sicher ein starkes Thema, auch in der Mode. Man kann heute Modemarken verschiedener Labels mischen und ist als Frau perfekt gekleidet. Früher galt nur das Monolabel. Das sind spannende Instrumente um eine Marke aufzuladen, aber um wirklich große wirtschaftliche Wertschöpfung handelt es sich meiner Meinung nach nicht. Der Wertnutzen ist einfach zu unterschiedlich. Es werden sicher kleine Nischenprodukte sein. Für das Marketing ist das aber schon wichtig und im Kleinen wird es funktionieren, aber im Großen funktioniert es eher nicht. Wir haben bspw. eine Maßschneiderei für Gore-Tex-Jacken bei Salewa, aber das ist ein riesiger Aufwand und kostet viel Geld. Wir machen es nur, weil es für das Marketing gut ist.

Kann man ein Produkt oder eine eigene Marke „Alpen" kreieren, oder geht das zu weit?

Oberrauch: Ich glaube das wäre zu weit gefasst. Die Zielgruppen sind heute ganz genau definiert und unterschiedlich. Bei den Skitouren z.B. haben wir vier verschiedene Segmente: Rennläufer, klassische Tourengeher, Freetourer und Freerider, alle in den Alpen. Jedes dieser Segmente hat seine spezifische DNA und jede dieser Communities muss man in der Tiefe und an der Spitze kennen. Jede tickt anders. Eine Marke für die ganzen Alpen wäre zu verwässert. Das wissen die Konsumenten. Der Kunde will wissen, welche Marke er trägt und sich dadurch auch differenzieren. Da stecken unterschiedliche Lebensstile dahinter. Die Menschen wollen zwar etwas Spezifisches haben und tragen die Werte der Alpen, aber als Marke ist es zu weit, funktionieren wird es als Dachmarke.

Wie sehen Sie die Entwicklung des Skifahrens und der sanften Naturerlebnisse? Gibt es da neues Potenzial?

Oberrauch:. Die Trendsetter gehen nicht nur mehr Ski fahren. Da müssen die Tourismusdestinationen gewaltig aufpassen. Die Sportarten mit dem größten Wachstum sind das Winterwandern und das Skitourengehen. Früher ist man im Winter nicht auf den Berg gegangen. In Südtirol gar nicht, in Nordtirol vielleicht noch eher, wegen des Rodelns. Heute geht man auch im Winter auf den Berg – aufgrund der besseren Ausrüstung, ausgetretener Wege, offener Hütten, auch aufgrund des Fitnessgedankens. Winterwandern hat großes Potenzial. Früher hat kein Händler einen Bergschuh im Winter verkauft. Heute verkaufen wir 30% im Winter und 70% über das restliche Jahr verteilt.

Doch wenn der Einheimische einmal nicht mehr Pistenskifahren geht, dann haben wir ein Problem mit unserer Glaubwürdigkeit. Der Tourist will dann auch, wie der Einheimische, Skitouren gehen und nicht mehr Ski fahren. Aus Südtiroler Sicht werden jedenfalls die Dolomiten das beständigste Skigebiet sein. Sie stehen exakt für die zukünftigen Bedürfnisse: fantastische Landschaft, Sonne und Erlebnis.

Abschließend, was war ausschlaggebend für den Erfolg Ihres Unternehmens? Gibt es eine Erfolgsformel?

Oberrauch: Ich könnte der beste Unternehmer sein, hätte aber in der Tennisbranche nie so ein Unternehmen aufbauen können. Ich hatte auch das Glück, dass meine Hobbys Skitouren und Bergsteigen zufällig jetzt trendy sind. Das Glück muss man aber schnappen, wenn es an einem vorbei geht. Ich habe die Erfahrung gemacht, dass ich erfolgreich sein kann, wenn Leidenschaft dabei ist. Leidenschaft, aber auch „loslassen können", das sind zwei wichtige Eigenschaften.

Unternehmer müssen die Mitarbeiter begeistern, sowie ein Umfeld und Freiräume schaffen, in dem Menschen erfolgreich sein können.

Das klingt eigentlich recht einfach. Man muss sich aber auch getrauen, oder?

Oberrauch: Ja genau, das ist auch wichtig. Ich habe Manager in meinem Unternehmen, die in meinen Augen intelligenter und fähiger sind als ich. Da frage ich mich: „Warum sind sie keine Unternehmer?" Weil sie sich nicht getrauen. Man braucht eine gewisse Angstfreiheit und Selbstvertrauen. Man braucht aber auch Angst. Die Angst kann mich hemmen, aber auch antreiben, etwas zu tun. Der Mut etwas zu tun, etwas Neues zu machen, das macht einen Unternehmer aus. Man braucht auch den Glauben an etwas. Ich sehe es auch als Spiel. Natürlich, wer Erfolg hat, entwickelt auch eine gewisse Leichtigkeit. Man soll aber immer nur das Risiko eingehen, welches man sich leisten kann. Wenn man Pech hat, verläuft die Karriere anders. Ich habe schon auch Misserfolge gehabt. Nicht alle Projekte waren erfolgreich, aber im Großen und Ganzen ist es gut gegangen. Doch es braucht Mut. Das ist wichtig. Darum haben wir jetzt auch das Wort „Mut" explizit in unsere Firmengrundsätze aufgenommen.

Andrea Leonardi

Die Geschichte und Kraft der Alpen: was zeichnet sie aus?

Der 1950 in Italien geborene ***Andrea Leonardi*** *gilt als Experte für Wirtschafts-, Finanz- und Tourismusgeschichte im Alpenraum. Nach Abschluss des Studiums an der Universität Padua erhielt er unterschiedlichste Stipendien zur Erforschung von Wirtschaft und Geschichte. So war er 1975 bis 1980 an den Universitäten in Mailand und Wien tätig. Nach zahlreichen Auslandsaufenthalten kehrte er an die Fakultät für Wirtschaftswissenschaften an der Universität Padua zurück und habilitierte sich im Jahr 2000 im Bereich Wirtschaftsgeschichte. Heute leitet er das Institut für Wirtschaftsgeschichte an der Universität Trient, ist Mitglied des wissenschaftlichen Beirats des Touriseum und seit 2009 auch Vizepräsident der italienischen Gesellschaft für Wirtschaftsgeschichte.*

Entlang des Alpenhauptkamms erlangten wirtschaftliche Phänomene in den Jahrhunderten des *Ancien Régime* eine besondere Bedeutung. Die schwierige Beziehung zwischen Ressourcen und Bevölkerung bestimmte die Lebensbedingungen in den Alpen über Jahrhunderte, indem sie bis zur Industrialisierung einen gleichmäßigen Rhythmus vorgab. In einem solchen Kontext war eine tiefgreifende Verankerung feudaler Institutionen zum einen nicht möglich und zum anderen erfolgte eine definitive Auflösung der Feudalherrschaft zwischen dem 18. und 19. Jahrhundert eher langsam und graduell.[1]

Darüber hinaus waren die Unterschiede zwischen der Wirtschaftsstruktur der Alpenregionen und der umliegenden flachen Regionen in der Neuzeit nicht die Folge einer Abschließungstendenz der alpinen Gesellschaften selbst. Eine solche hat es in Wirklichkeit nie gegeben, ganz einfach weil die Wirtschaft der Alpenregion nie autark war oder hätte sein können. Die Tauschbeziehungen mit den umliegenden Gebieten waren immer bedeutsam[2]. Sie haben der Wirtschaft der Alpenregionen erlaubt, sich auch in weniger guten Konjunkturphasen eine Stabilität zu erhalten, die sich jedoch kontinuierlich als instabil erwies[3].

Das Charakteristikum, das die unterschiedlichen, jahrhundertelang im österreichischen Raum Seite an Seite lebenden ethnischen Gemeinschaften in der Organisation des täglichen Lebens informell vereinte, war die fortdauernde Auseinandersetzung mit einer Vielzahl grundlegender Schwierigkeiten. Das Ziel war es, die komplexe Beziehung zwischen Ressourcen und Bevölkerung zu vereinfachen, indem die Frontstellung zwischen der Umwelt und der am meisten verbreiteten wirtschaftlichen Praxis, der Landwirtschaft, geglättet und beherrschbar gemacht wurde[4]. Das hat zweifellos dazu beigetragen, den Charakter zu stählern und die Handlungsweise der ökonomischen Akteure auf diesem Gebiet zu formen.

Die verschiedenen ethnischen Gruppen in den österreichischen *Alpenländern,* die deutsche, die italienische, die ladinische und die slowenische, beschritten einerseits einen ähnlichen Weg, andererseits haben sie unterschiedliche Zugangsweisen im schwierigen Umgang mit der Umwelt ausgebildet. Es war das Ziel einer ersten jahrhundertelangen Phase, die

---

*Der vorliegende Aufsatz wurde vom Verfasser unter Mitwirkung von Siglinde Clementi aus dem Italienischen übersetzt.

[1] Melville 1981, 1981a; Matis 1981; Merzario 1989; Viazzo 1990; Leonardi 1994; Leonardi (ed) 2001; Granda 2002.

[2] Guichonnet 1975, pp. 138-196; Kellenbenz 1987; Bonoldi 1999.

[3] Birkenhauer 1980; Guichonnet (hrsg) 1986-1987; Casari 2007.

[4] Zaninelli 1978, pp. 17-34; Mathieu 1992; Zurfluh 1993; Leonardi 1996, pp. 17-21.

notwendigen Ressourcen, vor allem zum eigenen Überleben, zu gewinnen. Nach dem Wandel der wirtschaftlichen Gesamtordnung Europas – also mit der Ausbreitung des *Industrialisierungsprozesses* im Laufe des 19. Jahrhunderts – wurde die lokale Wirtschaft in den internationalen Handelsverkehr integriert[5].

Die große Mehrheit der Bevölkerung konzentrierte sich auf das dominierende landwirtschaftliche System in der Alpenregion – zumindest bis zur Mitte des 19. Jahrhunderts – das in erster Linie, aber nicht ausschließlich, auf die Deckung des Eigengebrauchs der alpinen Bevölkerung ausgerichtet war. Für den externen Markt wurden nur einige besondere landwirtschaftliche Produkte erzeugt, neben Handwerksprodukten und protoindustriellen Erzeugnissen, zu deren Herstellung landwirtschaftliche Rohstoffe verwendet wurden. Nicht zu vernachlässigen waren dabei Produkte aus der Forstwirtschaft bzw. Erzeugnisse des Bergbaus[6]. Eine Reihe von negativen Einflüssen machte das Erreichen der oben beschriebenen grundlegenden Ziele, die im Wesentlichen auf die Subsistenz der Bevölkerung ausgerichtet waren, in vielen Alpenregionen sehr schwierig.

Ein erster Aspekt dieser offensichtlichen Schwierigkeit stellte die morphologische Beschaffenheit des Gebietes dar. Der Hauptteil des Territoriums verteilte sich auf Höhenlagen und zeichnete sich durch komplexe hydrologische Systeme aus[7]. Das wirkte sich zwangsläufig auf die Struktur des ländlichen Besitzes aus und beeinflusste die Auswahl der landwirtschaftlichen Kulturen. Der Prozess der Herausbildung der Besitzstruktur ging mit der demographischen Struktur und mit dem Druck einher, den diese auf den eingeschränkten nutzbaren Boden ausübte. In der Tat war die Entwicklung der Grundbesitzstruktur nach der langsamen und graduellen Auflösung der Feudalherrschaft, aber auch in Folge der Maßnahmen, die 1848 zur Zersetzung der Feudalherrschaft getroffen worden waren, ein Versuch, eine rationale Antwort auf die wachsenden Bedürfnisse der lokalen Bevölkerung zu geben[8].

Die sich in der zweiten Hälfte des 19. Jahrhunderts in allen Alpenregionen klar abzeichnende Herausbildung der Besitzstruktur verfolgte ein zweifaches Ziel. Einerseits wollte man die Gemeinschaftsregelung für die Verwaltung eines großen Teils der Forst- und Weidegüter erhalten, die

---

[5] Dinklage 1973; Cole-Wolf 1995.

[6] Kellenbenz 1988; Occhi 2006.

[7] Mathieu 2000.

[8] Leonardi 1996, pp. 20-21.

sich meist in deutlichen Höhenlagen befanden. Andererseits förderte man die Entwicklung, wenn auch in sehr diversifizierter Form, eines Landwirtschaftszweiges, der sich vorwiegend auf kleinstrukturierten Besitz konzentrierte und sich auf die nutzbaren Ackerflächen entlang der Talböden und der bewohnten Ballungszonen bezog[9].

Die Ähnlichkeiten werden hier ad acta gelegt, weil sich bei der Beschreibung des Herausbildungsprozesses des kleinstrukturierten Selbstversorgerbesitzes zwei verschiedene Modelle aufdrängen. Im von lateinischer Kultur und Recht geprägten Gebiet wurde die Idee des Privateigentums auf besonders starre Weise umgesetzt. Es wurde ein Erbrecht gebräuchlich, das ohne jegliche familiäre Verpflichtungen eine regelrechte Pulverisierung des Besitzes nach sich zog[10]. Im Großteil des deutschen Kulturkreises fielen die Auswirkungen entschieden anders aus. In zahlreichen Tälern der nördlichen und östlichen Alpen, die eher dünn besiedelt waren und keine größeren Ortschaften vorzuweisen hatten, setzte sich die Idee des geschlossenen Hofes als kleinste territoriale Einheit durch, die ungeteilt an die nächste Generation weiterzugeben war[11]. In Slowenien setzten sich von patriarchalen, erweiterten Familienverbänden verwaltete Wirtschaftseinheiten durch, die noch nicht eindeutig auf die Produktion für den Markt ausgerichtet waren. In diesem Kontext waren die Auswirkungen der Maßnahmen von 1848 zur Auflösung der Feudalherrschaft besonders bedeutsam, weil hier feudale Bindungen stärker vertreten waren als in anderen alpinen Gebieten[12].

Es kam also in manchen Gebieten zu einer Pulverisierung der Grundstücke, in anderen traf man auf den *geschlossenen Hof*, d.h. auf einen Zusammenschluss von mehreren Grundstückseinheiten, der einer ganzen Bauernfamilie das Auskommen garantierte; in wieder anderen Gebieten entstanden *patriarchale Wirtschaftseinheiten*. Wo das System des *geschlossenen Hofs* überwog, waren Gemeingüter weniger stark vertreten. Wo hingegen der geteilte Besitz überwog, war die Existenz von Gemeingütern grundsätzlich von weit größerer Bedeutung. Da die Familienbetriebe klein und unproduktiv waren, garantierte die Nutzung der

---

[9] Leonardi 1991, pp. 22-26.

[10] Leonardi 1994.

[11] Dejaco 1979; Preyer 1983.

[12] Matis 1972, pp. 38-45; Matis 1985, pp. 135-146; Matis 1987, pp. 6-39; Dorsi 1994.

Gemeingüter den Bauernfamilien ein Einkommen und somit die Sicherung des Lebensunterhaltes[13].

Das was auf der einen Seite durch die polyvalente (land- und forstwirtschaftliche) Zusammensetzung des *geschlossenen Hofs* garantiert wurde, erfolgte auf der anderen Seite durch die zeitgleiche Existenz von zwei ineinandergreifenden Polen: der kleine landwirtschaftliche Besitz und der große kollektive Besitz. Und schließlich wurden in den von einer slawischstämmigen Bevölkerung bewohnten Ostalpen die mit der Landwirtschaft verbundenen Herausforderungen tendenziell durch gemeinsame Aktivitäten großer *Familienclans* gemeistert, die hauptsächlich aus „großen“ *zusammengesetzten Familien* bestanden[14].

So ein vielschichtiges System konnte standhalten, solange die Landwirtschaft dieses Teils der Alpen vorwiegend auf die Versorgung der Bauernfamilien mit Lebensmittel ausgerichtet war. Mit dem Wandel des althergebrachten demographischen Gleichgewichts, das wesentlich zur Stabilität des *Alpensystems* beigetragen hatte, wurde jedoch die Unzulänglichkeit der traditionellen Landwirtschaft offensichtlich[15]. Mit dem sich bereits Mitte des 19. Jahrhunderts klar abzeichnenden Wachstum der Bevölkerung und mit dem allgemeinen Wandel des ökonomischen Gleichgewichts, der die Wirtschaft des *Ancien Régime* in ganz Europa neu definierte[16], konnten sich nur mehr wenige landwirtschaftliche Betriebe im Alpengebiet einen ausreichenden Ertrag sichern, indem sie die Wein- und Seidenproduktion, den Früchteanbau, die Rinderzucht und die Milchproduktion an die Nachfrage anpassten. Zahlreiche kleine Familienbetriebe zeichneten sich durch eine fehlende Spezialisierung aus, da sie traditionellerweise verschiedene Produkte anbauten[17].

Diese Konstellation änderte sich aber mit der Verbreitung von neuem Wissen in den *Alpenländern*, das in den letzten 30 Jahren des 19. Jahrhunderts mit Hilfe von öffentlichen Institutionen verbreitet wurde, deren offizieller Gründungszweck es war, die Spezialisierung im landwirtschaftlichen Bereich zu fördern. Das führte Schritt für Schritt zu einer wachsenden Sensibilisierung der landwirtschaftlichen Unternehmer und in der Folge zu einer schrittweisen Aufwertung der Landwirtschaft in großen Teilen der

---

[13] Dinklage 1973, pp. 403-461; Leonardi 1991, pp. 25-28.

[14] Gross 1980; Grafenauer 1981.

[15] Melville 1981a; Viazzo 1990, pp. 141-147; Leonardi 1990; Leonardi 1991, pp. 39-200; Bonoldi 1993.

[16] Melville 1981a; Viazzo 1990, pp. 141-147; Leonardi 1990; Leonardi 1991, pp. 39-200; Bonoldi 1993.

[17] Sandgruber 1978, pp. 195-216; Leonardi 1990, pp. 85-93; Mathis 1994; Dietrich 1994.

österreichischen Alpenregionen[18]. Die innovativen Veränderungen, die sowohl die Erwartungen der Bevölkerung dieser Regionen als auch die ihrer Regierungen erfüllten, betrafen selbstredend nicht nur die Umgestaltung des Primärsektors.

Die Landwirtschaft war tatsächlich nie das ausschließliche ökonomische Operationsfeld im mittel- und osteuropäischen Alpenraum. Das Handwerk oder die häusliche Manufaktur war je nach Gebiet mehr oder weniger ausgeprägt und nahm in einigen Gegenden die Gestalt einer Protoindustrie an. Von Bedeutung war auch der Bergbau, mit dem oft auch eine Erstverarbeitung verschiedener Mineralien einherging[19]. Eine bedeutende Rolle spielte zudem der Handel; einige Täler der österreichischen Alpen wurden zum bevorzugten Aktionsfeld für die Handelsbeziehungen zwischen Zentraleuropa und Italien[20].

Die grundlegenden Eigenschaften des Manufakturgewerbes vereitelten eine rasche Abwechslung der Vorrangstellung des Primärsektors durch den sekundären Sektor. In einigen Gebieten nahm es zwar eine zentrale Rolle ein, insbesondere in der Steiermark und in Kärnten, wo die Verarbeitung dessen, was aus den lokalen Minen gewonnen wurde, tatsächlich zu einer beachtlichen Konzentration von Tätigkeiten im Bereich des Manufakturgewerbes führte. In den meisten anderen alpinen Gebieten Österreichs aber war es nicht sehr ausgeprägt, sondern stand das vorherrschende Gewerbe in den alpinen Regionen mit der Verarbeitung von land-, forst- und milchwirtschaftlichen Produkten in Zusammenhang[21]. In diesem Rahmen spielte sich auch die Entwicklung der Textilproduktion ab: vom Wollsektor, verbunden mit der Schafhaltung, über Flachs und Hanf durch den Anbau der beiden Textilfasern, bis hin zur Seidenverarbeitung, die eng mit der Seidenproduktion zusammen hing. Das traf auch auf die Gerberei und die Verarbeitung von Leder zu – ein Sektor, der klarerweise mit der Tierhaltung verbunden war. Dasselbe galt für die Verarbeitung von Holz, die direkt von der Forstwirtschaft abhing. Noch deutlicher zeigt sich der Zusammenhang für die Lebensmittelindustrie: Die Weinproduktion hing direkt mit dem Weinbau zusammen, die Bierproduktion mit dem Anbau von Gerste und

---

[18] Bruckmüller 1977; Bruckmüller 1984; Leonardi 1990.

[19] Kellenbenz 1988; Meixner 1994; Leonardi 1997.

[20] Hassinger 1969; Pickl 1983; Moioli 1985; Zwanowetz 1986; Lindgren 1987; Riedenauer 1987; Mathis 1990; Leonardi 2008.

[21] Hassinger 1964; Freudenberger 1981.

Hopfen, sowie die Konservierung von Lebensmittel mit dem Anbau von Obst und Gemüse[22].

Der Sekundärsektor spielte eine bedeutende Rolle bei der Integration des Primärsektors im modernen Wirtschaftsentwicklungsprozess und machte in verschiedenen Tälern der Alpenregionen einen bedeutenden Teil des Einkommens der Bevölkerung aus. Seine hauptsächlich vorindustrielle oder allerhöchstens protoindustrielle Ausprägung konnte dennoch nicht umgewandelt werden (außer teilweise und gelegentlich), als die umliegenden Regionen in die entscheidende Phase der Industrialisierung eintraten. Während es die lokalen wirtschaftlichen Akteure in den Zentral- und westlichen Alpen, wie z.B. in einigen Schweizer Kantonen oder auch in Vorarlberg frühzeitig verstanden, die eigene Produktionsstruktur an die Parameter der Industrialisierung anzupassen, blieb ein großer Teil der Akteure der mittel- und osteuropäischen Alpen am Rande dieses innovativen Prozesses[23].

Im Manufakturgewerbe im Norden und im Süden der österreichischen Alpenregionen fehlten in einer Phase des Übergangs vom *Ancien Régime* zur Industrialisierung die Voraussetzungen für einen erfolgreichen Auftakt des Industrialisierungsprozesses. Einerseits litt die lokale Manufaktur unter einem ungünstigen Standort und unter Mangel an energetischen Ressourcen, die zudem schwer zugänglich waren. Auch das Kommunikationsnetz gestaltete sich nicht zu ihren Gunsten. Zudem trug der eingeschränkte Fluss von Finanzmitteln, der mit einer begrenzten unternehmerischen Aktivität einher ging, dazu bei, den industriellen *take off* zu verzögern. Andererseits war das traditionelle Manufakturgewerbe dieser Gegend auf die Nachfrage des lokalen Marktes ausgerichtet, mit bedeutsamen aber begrenzten Öffnungen gegenüber ausländischen Märkten[24]. Eine davon war die Seidenproduktion, die vorwiegend im südlichen italienischen Teil der mittel- und osteuropäischen Alpenregion zu finden war[25]. Auch die Mechanisierung dieses Sektors schritt sehr langsam voran, und die Anpassung an die fortschrittlichsten Produktionsstrukturen dieses Wirtschaftssektors erfolgte zweifellos verspätet[26].

---

22 Leonardi 1996, pp. 29-51, 84-96.

23 Matis 1972, pp. 383-440; Matis 1985; Alexander 1992, pp. 57-121; Leonardi 1996, pp. 84-96.

24 Zwanowetz 1977; Zwanowetz 1986a; Gross 1980; Matis 1981a; Komlos 1986; Cerman 1994; Sandgruber 1995, pp. 145-251; Leonardi 1996, pp. 84-96; Leonardi 2010.

25 Girelli 1969; Leonardi 1984/85; Leonardi 1985; Segreto 1988; Patat 1991; Morassi 1992; Panariti 1996; Pisoni 1997; Lorandini 2006.

26 Leonardi 2003; Bonoldi 2005.

Der Sekundärsektor erwies sich unter anderem als unfähig, den Überschuss an Arbeitskraft, der in der Landwirtschaft freigesetzt wurde, aufzufangen. Das setzte seit den siebziger Jahren des 19. Jahrhunderts im gesamten Alpenraum eine galoppierende Migrationswelle in Gang[27]. Während jedoch einige Gebiete den Exodus einbremsen konnten, indem sie einigen Zweigen des Manufakturgewerbes neues Leben einhauchten, kam es in den meisten Tälern der österreichischen Alpen zu einem generellen, und in manchen Fällen irreversiblen Zerfall des traditionellen Manufakturgewerbes. Die Krise der Seidenproduktion, der Leinenweberei, der Gerberei und von anderen weniger relevanten Zweigen, war übrigens auf strukturelle Schwächen dieser Produktionszweige zurückzuführen. Ihre Schwächen traten gerade in dem Moment deutlich hervor, als eine Qualitätsverbesserung dringend notwendig gewesen wäre, um sich an industrielle Produktionsformen anzupassen[28].

Die vor allem für die Schwerindustrie und für die damit in Zusammenhang stehende neue Technologie, aber auch für diverse Branchen der Leichtindustrie wichtige Kohle, stand nicht zur Verfügung[29]. Die unternehmerischen Fähigkeiten waren in den verschiedenen Regionen unterschiedlich ausgeprägt. Während der Unternehmergeist im äußersten Westen der österreichischen Alpen, d.h. in Vorarlberg, aber auch in der Steiermark sehr stark vorhanden war, war er hingegen in Krain sehr schwach, in Tirol nur teilweise und auch in Kärnten und in Salzburg nicht viel stärker ausgeprägt. Das Unternehmertum, das sich in den österreichisch-böhmischen *Kronländern* am Ende des 19. Jahrhunderts und am Anfang des 20. Jahrhunderts entwickelte, fand kein Pendant im Alpengebiet[30].

Das, was im Großteil der österreichischen Alpen not tat, war eine strukturelle Neuausrichtung der lokalen Manufaktur durch solide Professionalisierung, durch eine bewusste Übernahme der technischen Erneuerungen und durch die konstante Berücksichtigung der Anregungen des Marktes[31]. Seit Mitte des 19. Jahrhunderts konnte man einen steten Rückgang der traditionellen Produktionsstruktur beobachten. Unter den verschiedenen Ursachen sind die traumatischen Auswirkungen der Eröffnung der *Südbahn* und anderer Bahnverbindungen zu nennen, die in

---

[27] Col bastone 1991; Franzina 1991: Grosselli 1998, Grandi 2003, Leonardi 2011.

[28] Alexander 1992, pp. 102-121; Alxander 2006; Leonardi 2001; Bonoldi 2005.

[29] Sandgruber 2001; Sensenig 1990, pp. 21-29.

[30] Mathis 1990, pp. 70-104.

[31] Good 1986, pp. 170-192.

den fünfziger und sechziger Jahren an den wichtigsten Durchzugsstrecken errichtet wurden[32]. Die Bahnverbindung bedeutete vor allem für die traditionelle Manufaktur das Aufbrechen der Isolation und die Konfrontation mit der industriellen Produktion der österreichisch-böhmischen Gebiete, die extrem wettbewerbsfähig war. Ungünstig gestalteten sich auch die Beziehungen mit dem norditalienischen Markt nach der Anbindung der Lombardei und des Veneto ans italienische Reich, hatte es doch einen bedeutenden Handel vor allem mit den Regionen Kärnten, Steiermark und Südtirol gegeben. Negative Auswirkungen auf lokaler Ebene hatten auch einige Entscheidungen im Bereich der Zollpolitik, die von Österreich zwischen 1851 und 1865 gefällt wurden, was insbesondere den Status der nobelsten aller Manufakturen des südlichsten Winkels der österreichischen Alpen beeinträchtigte: jenen der Seidenspinnerei[33].

Mitte des 19. Jahrhunderts, als das dynamische Unternehmertum Vorarlbergs klar hervortrat, zeigte sich die Schwäche des Unternehmertums in den anderen Alpenregionen im Umgang mit den Risiken der Produktionsinnovation. Wenn man von wenigen modernisierenden Eingriffen absieht, war der Großteil der Manufakturbetriebe in den alpinen österreichischen *Kronländern* nicht fähig, eine dynamische Wende in der eigenen Produktion einzuleiten[34]. Auch wenn finanzielle Mittel verfügbar waren[35], wurden keine Alternativen zur traditionellen Manufaktur gesucht und man nahm keine unternehmerischen Risiken auf sich, weil der entsprechende Unternehmergeist fehlte.

Es war jedoch nicht überall und nicht in allen Sektoren so; erinnert sei einerseits an den Energiesektor andererseits an den Tourismus. Zwar spielte die *Gewerbeförderungsaktion,* eine öffentliche Initiative des Wiener Handelsministeriums, bei der Ankurbelung des Unternehmertums im Bereich der Manufaktur eine entscheidende Rolle, noch wichtiger aber waren die Initiativen, die sich mit der Förderung der Elektrizität und ihrer vielseitigen Anwendungen befassten. Die Erhebung der unternehmerischen Aktivitäten im Jahr 1902 ergab, dass in den *Alpenländern,* wo genau 13 % der Bevölkerung des österreichischen Teils der Habsburgermonarchie lebte, insgesamt 13% der operativen Unternehmen Cisleithaniens, 12,4% der österreichischen Arbeitskraft und 18% der verwendeten Anlagen im Sekundär-

[32] Zwanowetz 1986a; Roth 2005.

[33] Leonardi 1996, pp. 179-190.

[34] Leonardi 2003a.

[35] Dirninger 1992; Wysocki 1994; Mathis 1997; Leonardi 2000.

und Terziärsektor angesiedelt waren[36]. Die Verwendung der elektrischen Energie war hier folglich stärker ausgeprägt als in anderen Gebieten der Monarchie.

Die Bedeutung der Produktion von elektrischer Energie zeigte sich weniger in direkten Arbeitskraftkontingenten als eher in den Anreizen für das Umfeld. Die Entwicklung der Wasserkraft setzte eine Dynamik in Gang, die verschiedene lokale unternehmerische Initiativen förderte[37]. Es verbreitete sich die Überzeugung, dass mit einer breiten Verwendung von Wasserkraftenergie das traditionelle Transportsystem grundlegend umgestaltet werden konnte, womit viele Berggebiete aus der Isolation geholt wurden und konkrete Entwicklungsmöglichkeiten bekamen[38].

Die traditionellen Produktionssektoren wurden in der sogenannten *Belle Époque* durch neue industrielle Branchen ersetzt: die Baumwollspinnerei, die Zementfabrikation, die Ziegelherstellung[39]. Die Verwendung von hydroelektrischer Energie schaffte auch für die Landwirtschaft und vor allem für die Schwerindustrie neue Möglichkeiten. Es war jedoch der entscheidende, quantitative und qualitative Sprung mit der Herausbildung des Tertiärsektors, der ein neues wirtschaftliches Setting in den *Alpenländern* entstehen ließ[40]. Wichtig waren vor allem die Innovationen im Bereich der Kommunikationsinfrastrukturen und parallel dazu der Ausbau des Dienstleistungssektors vor allem im Bereich des Tourismus.

Gerade im Kontext des Tourismus bildete sich ein gänzlich neues Unternehmertum heraus, das es verstand, eine wirkliche *Kultur der Gastlichkeit*[41] aufzubauen und zu festigen. Die Rahmenbedingungen verschiedener *Alpenländer* erlaubten es, vor allem während der *Belle Époque*, schrittweise eine touristische Organisationsstruktur aufzubauen und das Angebot an der Nachfrage zu orientieren[42]. Es schälten sich verschiedene Typologien von touristischen Orten heraus[43], die zwischen zwei Extremen eingeordnet werden können. Auf der einen Seite gab es Örtlichkeiten, die sich durch endogene Ressourcen entwickelten. Auf der anderen Seite

[36]Leonardi 2003a.

[37] Sandgruber 2004; Bonoldi 2003; Leonardi 2004.

[38] Bonoldi 2003; Leonardi 2004.

[39] Meixner 1994; Meixner 1997; Alexander 1992, pp. 74-118; Alexander 2006; Alexander 2009.

[40] Brusatti 1984; Haas 1994; Bätzing-Perlik 1995; Heiss 2001; Leonardi 1999; Leonardi-Heiss 2003; Leonardi 2006; Leonardi 2009; Leonardi 2010a.

[41] Leonardi 2006.

[42] Tissot 2003.

[43] Butler 1980; Butler 2006; Corak 2006; Pechlaner-Weiermair 1999.

ergaben sich Konstellationen, in denen das Angebot wenig zielführend war und für die ein Konflikt zwischen endogenen und exogenen Ressourcen charakteristisch war. In diesem Umfeld wechselten sich Situationen laufend ab und entwickelten eine Tendenz zur Marginalisierung.

Bevor man auf die „Entdeckung" der Alpen[44] Bezug nimmt, muss eine Reihe von anderen Faktoren genannt werden, die diese Berge und im Besonderen einige Gegenden einem breiten Publikum bekannt machten. Zwar wird der Auftakt des Alpinismus allgemein als Urheber des alpinen Tourismus gesehen[45], dennoch müssen eine Reihe von „Voraussetzungen" beachtet werden. Zum Beispiel geht es um die Art und Weise wie in diesen Gegenden Fremde aufgenommen wurden. Mit anderen Worten muss nachgezeichnet werden, wie die Interaktion zwischen Angebot und Nachfrage die Tourismusströme in einige alpine Gegenden lenkte und in andere nicht. Man muss nachvollziehen, warum der Tourismus sich in einigen Fällen sprunghaft entwickelte und sich in anderen als extrem labil erwies[46].

Es muss auf jeden Fall die Schönheit und Attraktivität der Orte, die gesunde Luft, die günstigen klimatischen Bedingungen in Betracht gezogen werden, ebenso wie die grundlegende Bedeutung der verschiedenen Typologien von Kommunikationssystemen[47]. Für die Realisierung von Infrastrukturen zur Aufnahme von Gästen und folglich für die Investitionsflüsse, die für den Erfolg einiger Orte ausschlaggebend waren, sind auch andere Faktoren von Bedeutung. Einer dieser Faktoren bezieht sich auf die Aufmerksamkeit, die dem *Fremden,* dem potentiellen Gast, geschenkt wurde, ob er freundlich empfangen und behandelt wurde, oder aber mit Misstrauen. Die Haltung gegenüber Fremden darf als entscheidendes Moment für die Entwicklung des Tourismus nicht unterschätzt werden, hing doch davon die Entwicklung und Verbreitung der *Kultur der Gastlichkeit* ab. Genau diese Art von *Kultur* schälte sich schon lange vor der Etablierung des Tourismus als Massenphänomen heraus. Die *Kultur der Gastlichkeit* stellte eine Art *Vorvoraussetzung* dar, die in manchen Gegenden entscheidend zum Durchbruch des Tourismus beigetragen hat; eine Art von fünftem Gang, der den *take off* des Tourismus begünstigte[48].

---

[44] Broc 1991; Bergier-Guzzi 1992; Bozonnet 1992; Unsworth 1993.

[45] Motti 1994; Amstädter 1996.

[46] Leonardi 2003b, pp. 251-275.

[47] Leonardi 2013.

[48] Pollard 1981, pp. 309-318.

Es ist daher interessant, jene Elemente ausfindig zu machen, die es der *Kultur der Gastlichkeit* ermöglicht haben, sich in einigen Gegenden der Alpen frühzeitig zu etablieren und zu festigen. Dadurch kann beobachtet werden, wie sich durch sie endogene Initiativen und exogene Interessen deckten, mit dem Ziel ein Angebot zu schaffen, das der touristischen Nachfrage entsprach. In letzter Zeit wurde eine Interpretationslinie vorgeschlagen, die von vier verschiedenen Formen von Gastfreundschaft ausgeht, die im Entwicklungsprozess der sogenannten *Kultur der Gastlichkeit* eine entscheidende Rolle gespielt haben[49].

Um sie mittels einer vorsichtig rückwärtsgewandten Analyse fassbar zu machen, muss man die Aufmerksamkeit auf die Phase richten, die der Entwicklung des sogenannten *modernen Tourismus* voranging, der sich vor der Verbreitung des Industrialisierungsprozesses einordnet. Diese erste Phase zeichnete sich grundsätzlich durch einen *Elitetourismus* und durch das Fehlen spezifischer Strukturen aus. Diese Phase zog sich über mehrere Jahrhunderte hin, wobei das Angebot aus Lokalen und Tavernen bestand und dazu diente, Händler und andere gelegentliche Reisende, und sicher nicht „Touristen", zu beherbergen. Die Protagonisten der *Grand Tour* begannen in ihren Reiseberichten auf deren Existenz hinzuweisen[50].

Die erste Erfahrung von Gastlichkeit vollzog sich genau in diesem Kontext und ist mit der Ausübung von Handelsaktivitäten verknüpft und zwar auf Märkten und vor allem Messen, die internationale Treffpunkte darstellten[51]. Da der alpine Raum nie in sich geschlossen war und nicht ohne Tauschhandel mit den umliegenden Ebenen überleben konnte, die selbst stark daran interessiert waren, eine Vielzahl von Ressourcen aus den Bergregionen zu nutzen, nahmen die alpinen Zugangswege und die Gebirgspässe stets eine enorme Bedeutung ein. Gasthäuser und Poststationen waren also ein wichtiger Bezugspunkt für die, die große Distanzen zurücklegen mussten, aber gleichzeitig waren sie auch ein Kontaktpunkt zwischen denen, die in den Alpen lebten und denen, die sie überquerten, um Handel zu betreiben. Diesen Betrieben wurde also die Rolle zuteil, Personen aus unterschiedlichen Kulturen, mit verschiedenen Berufen und *Weltanschauungen,* einander näherzubringen und somit beizutragen, Misstrauen und Feindseligkeit gegenüber Fremden abzubauen; dies war ein

[49] Leonardi 2006.

[50] Leonardi 2007.

[51] Bonoldi 2003a.

notwendiger Schritt zur Schaffung der Voraussetzungen für eine *Kultur der Gastlichkeit* [52].

Zur Deckung der Bedürfnisse nach Unterkunft und Verpflegung von Hunderten von Menschen, die jährlich anlässlich der Bozner Messen die Alpentäler durchquerten[53], wurden immer mehr „Gasthäuser" eröffnet. So wurden *Taberwirte, Baumwirte* und *Buschen* nicht nur in Bozen zu fixen Einrichtungen, sondern auch entlang der Handelsstraßen, die zu den kaufmännischen Ballungszentren führten[54]. Ihre Betreiber entwickelten neue Fähigkeiten und waren in der Lage, die Anzeichen für Veränderungen in Bezug auf die Gästezahl und auf die Bedürfnisse der neuen Gäste, die nicht mehr für den Handel sondern in touristischer Absicht in die *Alpenländer* kamen, zu deuten[55].

Es ist daher kein Zufall, dass die touristische Entwicklung Bozens in der Anfangsphase des sich in der zweiten Hälfte des 19. Jahrhunderts massiv verändernden Tourismus, im Vergleich zu anderen Alpenstädten, sehr viel schneller erfolgte. Es handelt sich hier im Übrigen um keinen Einzelfall, da andere Orte in den Alpen ähnliche Charakteristiken aufweisen. Es gibt verschiedene Gebiete, die sich für den Tourismus umrüsteten und die von Handelsflüssen profitiert hatten und es daher gewohnt waren, mit Fremden in Beziehung zu stehen[56]. Im Prozess der Entwicklung des Angebots als Reaktion auf eine immer größere Nachfrage an touristischen Dienstleistungen, im Prozess der Stärkung der Motivation der Ansässigen sowie bei der Beschaffung von Energie von außen hat die mehr oder weniger starke Verankerung der *Kultur der Gastlichkeit* ein große Rolle gespielt.

Eine, zahlreiche Orte entlang des gesamten Alpenhauptkamms auszeichnende, zweite Art von Gastfreundschaft, war jene, die Pilger entgegengebracht wurde, die über Jahrhunderte von Zentraleuropa nach Santiago de Compostela, nach Rom oder zu mediterranen Häfen wanderten, wo sie sich Richtung Heiliges Land einschifften[57]. Es handelte sich um Personen, die aus religiösen Gründen extrem lange und mühsame Wege auf sich nahmen und kaum Mittel zur Verfügung hatten. Im Lauf der Jahrhunderte hatte man versucht, im Kontext der traditionellen Wirtschaftsordnung die Bedürfnisse

---

[52] Leonardi 2007.

[53] Leonardi 2007.

[54] Leonardi 2007.

[55] Forcher 1989; Forcher 1989a.

[56] Heiss 2001; Kümin 2003; Bartaletti 2001; Bartaletti 2006.

[57] Stopani 1991; Maczak 1992; Tissot 1996.

dieser Wanderer nach Unterkunft und Verpflegung zu befriedigen. Gratisunterkünfte in zahlreichen Hospizen, Xenodochien und Spitälern, die sich entlang der Hauptverkehrsachsen in den meistfrequentierten und besonders unwegsamen Gegenden befanden, wurden angeboten. Diese „Unterkünfte" waren typische Einrichtungen in einem christlichen Umfeld, sie waren durchwegs religiös geprägt und wurden fast immer von Mönchen geführt; sie waren aufgrund karitativer Zuwendungen errichtet worden und wurden auf diese Weise erhalten[58].

Ihr Standort an neuralgischen Stellen entlang des Alpenhauptkamms wurde nicht zufällig gewählt. Ihre Hauptfunktion war es, Pilger und Wanderer aufzunehmen, aber nachdem sich die religiösen Grundhaltungen und vor allem die Mobilitätsformen entlang der Alpenwege nach der „Revolution des Transports" radikal verändert hatten, entwickelten sich einige Orte der „Pilgergastlichkeit" zu berühmten touristischen Sommer- und dann auch Winterresidenzen. In diesen Orten hat sich sukzessive eine besondere Aufmerksamkeit gegenüber den Durchreisenden entwickelt – die Basis für die Herausbildung einer ersten Form der *Kultur der Gastlichkeit,* die in der Folge auch anderen Fremden entgegengebracht wurde[59]. Diese Entwicklung mündete in der Initiative von lokalen Betreibern, die die Gelegenheit beim Schopf packten und neue Infrastrukturen zur Aufnahme von neuen Bergreisenden errichteten. Noch bedeutender jedoch war der Kapitalzufluss und der Einfluss des Unternehmertums, der von außen auf diese Orte einwirkte und in einigen von ihnen ein touristisches Angebot ersten Ranges schuf[60]. Vor allem in den Dolomiten gab es zahlreiche Orte, die sich in der *Belle Époque* zu *Höhenluftkurorten* jenseits der Siedlungsgebiete entwickelten und deren Vorläufer „Hospize" oder „Heime" für Passanten waren[61]. Ganze *Hoteldörfer* wurden oft in Orten angesiedelt, wo es Hospize gegeben hatte, waren diese es doch gewohnt, Leute von anderswo aufzunehmen.

Die dritte Art von Gastlichkeit, die sich im Alpenraum in jenen Ortschaften entwickelte, wo die Ansässigen es gewohnt waren, mit Menschen unterschiedlicher Herkunft zusammen zu leben, waren die sogenannten *Bauernbadln,* die eine lange Erfahrung in der Kurpraxis vorzuweisen hatten. Diese entlang des gesamten Alpenhauptkamms

---

[58] Gnesda 1979, pp. 5-18.

[59] Heiss 1998; Leonardi 2003b.

[60] Leonardi 2003b, pp. 243-250.

[61] Man kann auf S. Martino di Castrozza, Madonna di Campiglio, Karerpass und die Mendel hinweisen, aber in gewisser Hinsicht auch Cortina d'Ampezzo (Leonardi 2006).

verstreuten Kurzentren wurden hauptsächlich von „Kurgästen" aus der Gegend besucht. Einige von ihnen hatten sich aber einen Ruf erworben, der weit über die regionalen Grenzen hinausging, obwohl sie nicht mit besonders qualifizierten Einrichtungen ausgestattet waren[62]. Daher gab es Unternehmer, die in der 2. Hälfte des 19. Jahrhunderts von außen auf die Thermalorte der Alpen Einfluss nehmen wollten, indem sie in diesem Sektor unternehmerische Initiativen initiierten und große Investitionen tätigten[63]. In den letzten Jahrzehnten des 19. Jahrhunderts erlangten verschiedenen Orte internationale Bedeutung, die über mehrere Jahrhunderte als *Bauernbadln* bekannt waren. Parallel dazu konnten sich aus dem Pool von Kurorten die sogenannten *Luftkurorte* hervorheben – sie entwickelten sich aufgrund günstiger Umweltbedingungen, aber auch aufgrund der aufwertenden Aktivität eines sowohl endogenen als auch exogenen Unternehmertums. Es handelte sich um Orte in der Talsohle wie Meran und Arco und um Orte im voralpinen Raum[64].

In all diesen Orten hat die Kombination von endogenem unternehmerischem Einsatz und Kapital und Unternehmertum von außen eine entscheidende Rolle für die Entwicklung eines wettbewerbsfähigen touristischen Angebots gespielt. Von dieser neuen Aufmerksamkeit von außen profitierten auch andere, faktisch unbekannte Orte der Alpen. Sie erhielten dank einer Reihe externer Investitionen die Gelegenheit, andere, qualitativ hochstehende Formen der Gastfreundschaft aufzubauen. Zu ihnen gesellten sich Gasthäuser und kleine Hotels, die vom lokalen Unternehmertum gefördert wurden. Auf diese Weise entstand ein Aufnahmenetz, das sich schrittweise verfestigte, bis es sich während der *Belle Époque* international etablieren konnte.

Die letzte Art von Gastfreundschaft im Alpenraum herrschte sowohl bei der deutschen Bevölkerung als auch auf der Südseite der Alpen vor. Die sogenannte *Sommerfrische* geht auf das Mittelalter und auf die Gastfreundschaft von Orten in Höhenlagen zurück, die begüterte Bürger des Talbodens aufnahmen, um ihnen Erleichterung von der Sommerhitze zu verschaffen[65]. Diese jährliche Praxis erzeugte in vielen Orten einen vertrauten Umgang zwischen Bergbewohnern und Menschen von außen. Der gewohnheitsmäßige Umgang mit den Fremden bereitet in all diesen Orten den Weg für

---

[62] Leonardi 2010a.

[63] Krizek 1990; Lachmayer, Mattl Wurm, Gagerle 1991; Leonardi 2010a.

[64] Leonardi 1996a.

[65] Haas 1992; Rosner 1994.

die Herausbildung einer ersten *Kultur der Gastlichkeit.* In Wirklichkeit fehlte es nicht an Initiativen, die die Prägkraft dieses Phänomens eindämmen sollten, wurde doch befürchtet, dass es die geregelte Lebensweise der Leute in den Bergen beeinträchtigen könnte[66]. Es handelte sich hier um einen rückwärtsgewandten Kampf gegen Windmühlen, der angesichts der ökonomischen Vorteile des Tourismus zum Scheitern verurteilt war.

Während der *Belle Époque* konnten also alpine Zentren, die ursprünglich aufgrund des Handels führend waren, sich aber seit geraumer Zeit auf absteigendem Ast befanden, ihre Vitalität, dank des immer stärker werdenden Zustroms von Menschen, rasch wiedergewinnen. Parallel dazu konnten sich neue und alte *Kurorte* einem international zunehmend härteren Wettbewerb aussetzen. Selbst Orte konnten ihre Randposition abstreifen, die von traditionellen Handelswegen nur berührt und nur von Pilgern als Zufluchtsorte genutzt worden waren. Es entstanden Tourismusorte dort, wo Wohlhabende aus urbanen Zentren vorübergehende Erholung in den heißesten Jahreszeiten suchten.

In den verschiedenen *Alpenländern* bildete sich also ein neues wirtschaftliches Gleichgewicht heraus. Dadurch konnte das instabile Wirtschaftsgefüge ausgeglichen werden, das auf der Landwirtschaft und auf der Forstwirtschaft in Zusammenhang mit einer Reihe von Handwerksproduktionen im Primärsektor, ebenso wie auf wenigen Handelsaktivitäten beruhte[67]. Die Landwirtschaft sollte ihre wichtige Rolle beibehalten, wenn auch nun vor allem als spezialisierte Landwirtschaft. Parallel dazu entwickelte sich ein zunehmend agiler Sekundärsektor, dessen Rolle zwar nicht revolutionär aber doch im Vergleich zur Vergangenheit viel bedeutender war[68]. Die bedeutsamste Neuerung stellte aber der stetig wachsende Tertiärsektor dar und hier vor allem die konstant expandierende Tourismusbranche[69].

---

[66] Hackl 1997; Rohrer 2003, pp. 78-79; Leonardi 2003b, pp. 272-274.

[67] Matis 1985.

[68] Bonoldi 2009.

[69] Leonardi 2009.

Literaturverzeichnis

Alexander 1992: H. Alexander, *Geschichte der Tiroler Industrie. Aspekte einer wechselvollen Entwicklung*, Innsbruck, 1992.

Alexander 2006: H. Alexander, *Die industrielle Entwicklung in Südtirol im 19. Und 20. Jahrhundert*, Wien, 2006.

Alexander 2009: H. Alexander, *Das bescheidene industrielle Erbe des 19. Jahrhunderrts*, in: A. Leonardi (hrsg), *Die Region Trentino- Südtirol im 20. Jahrhundert. 2. Wirtschaft. Die Wege der Entwicklung*, Trient, 2009, pp. 197-209.

Amstädter 1996: R. Amstädter, *Der Alpinismus: Kultur, Organisatiion, Politik*, Wien, 1996.

Bartaletti 2001: F. Bartaletti, *Tourismus in den italienischen Alpen*, in: "Geographische Rundschau", 53, 2001 (Heft 4), pp. 48–53.

Bartaletti 2006: F. Bartaletti, *L'evoluzione storica del turismo invernale nelle Alpi italiane*, in T. Busset, M. Marcacci (eds.), *Pour une histoire des sports d'hiver-Zur Geschichte des Wintersports*, Actes du Colloque de 20 et 21 février 2004, Neuchatel, pp. 169-184.

Bätzing - Perlik 1995: W. Bätzing, M. Perlik, *Tourismus und Regionalentwicklung in den Alpen 1870–1990,* in: K. Luger & K. Immann (hrsg), *Verreiste Berge. Kultur und Tourismus im Hochgebirge. Tourismus: transkulturell & transdisziplinär*, Innsbruck–Wien, pp. 43–79.

Bergier-Guzzi 1992: J.F. Bergier, S. Guzzi (edd), *La découverte des Alpes. La scoperta delle Alpi. Die Entdeckung der Alpen*, Basel, 1992.

Birkenhauer 1980: J. Birkenhauer, *Die Alpen*, Paderborn, 1980

Bonoldi 1993: A. Bonoldi, *Associazionismo e razionalizzazione nell'agricoltura sudtirolese (secoli XVIII e XIX)*, in: "Annali dell'Istituto storico italo-germanico in Trento", 19 (1993), pp. 97-147.

Bonoldi 1999: A. Bonoldi, *La fiera e il dazio. Economia e politica commerciale nel Tirolo del secondo Settecento*, Trento, 1999.

Bonoldi 2003: A. Bonoldi, *Energia e industria nello sviluppo dell'area tirolese (1880-1920),* in P. Cafaro, G. Scaramellini (edd), *Mondo alpino: identità locali e forme d'integrazione nello sviluppo economico – secoli XVIII-XX*, Milano, 2003, pp. 95-111.

Bonoldi 2003a: A. Bonoldi, *Fiere e mercati in area alpina tra funzioni locali e intermediazione (secc. XVIII-XIX)*, in: F. Piola Caselli (a cura di), *Regioni alpine e sviluppo economico. Dualismi e processi d'integrazione (secc. XVIII-XX)*, Milano, 2003, pp. 105-126.

Bonoldi 2005: A. Bonoldi, *Ritardo strutturale, crescita, declino: realtà e problemi dell'industria e della politica industriale trentina del Novecento*, in: A. Leonardi, P. Pombeni (a cura di), *Storia del Trentino*, VI, *L'età contemporanea. Il Novecento*, Bologna, 2005, pp. 455-486.

Bonoldi 2009: A. Bonoldi, *Wirtschaft und Institutionen: eine soziale und politisch-administrative Konstruktion des Marktes?*, in: A. Leonardi (hrsg), *Die Region Trentino- Südtirol im 20. Jahrhundert. 2. Wirtschaft. Die Wege der Entwicklung*, Trient, 2009, pp. 59-89.

Bozonnet 1992 : J.P. Bozonnet, *Des monts et des mythes: l'imaginaire social de la montagne*, Grenoble, 1992.

Broc 1991 : N. Broc, *Les montagnes au siècle des lumières: perception et représentation*, Paris, 1991.

Bruckmüller 1977: E. Bruckmüller, *Landwirtschaftliche Organisation und gesellschaftliche Modernisierung. Vereine, Genossenschaften und politische Modernisierung der Landwirtschaft in Österreich*, Salzburg, 1977.

Bruckmüller 1984: E. Bruckmüller, *Strukturwandel der österreichischen Landwirtschaftsgesellschaften im 19. Jahrhundert*, in: "Zeitschrift für Agrargeschichte und Agrarsoziologie", 1984, pp. 1-30.

Brusatti 1984: A. Brusatti, *100 Jahre österreichischer Fremdenverkehr. Historische Entwicklung 1884-1984*, Wien, 1984.

Butler 1980: R.W. Butler, *The Concept of the Tourist Area Cycle of Evolution; Implications for Management of Resources*, in: "Canadian Geographer", 24, 1980, 1, pp. 5–12.

Butler 2006: R.W. Butler, *The Concept of a Tourist Area Cycle of Evolution: Implications for Management of Resources*. In R.W. Butler, (Ed.), *The Tourism Area Life Cycle*, Vol.1, *Applications and Modifications,* Clevedon-Buffalo-Toronto, pp. 3-12.

Casari 2007: M. Casari, *Emergence of Endogenous Legal Institutions: Property Rights and Community Governance in the Italian Alps*, in: "The Journal of Economic History", Vol. 67, No. 1 (March 2007), pp. 191-226.

Cerman 1994: M. Cerman, *Proto-industrielle Entwicklung in Österreich*, in: M. Cerman, S.C.Ogilivie, *Protoindustrialisierung in Europa: Industrielle Produktion vor dem Fabrikszeitalter*, Wien, 1994, pp. 161-175.

Col bastone 1991: *Col bastone e la bisaccia per le strade d'Europa,* Bellinzona, 1991.

Cole-Wolf 1995: J.W. Cole, E.R. Wolf, *Die Unsichtbare Grenze. Ethnizität und Ökologie in einem Alpental*, Wien-Bozen, 1995.

Corak 2006: S. Corak, *The Modification of the Tourism Area Life Cycle Model for (Re)inventino a Destination: The Case of the Opatija Riviera*, in: R.W. Butler (Ed.), *The Tourism Area Life Cycle*, Vol.1, *Applications and Modifications,* Clevedon-Buffalo-Toronto, pp. 271-286.

Dejaco 1979: G. Dejaco, *Der geschlossene Hof. Ein Beitrag zur Frage des Höfgesetzes*, Bozen, 1979;

Dietrich 1994: E. Dietrich, *Die Landwirtschaft Tirols vom ausgehenden 18. bis zum Ende des 19. Jahrhunderts*, in *Chronik der Tiroler Wirtschaft*, Wien, 1994, pp. 140-155.

Dinklage 1973: K. Dinklage, *Die landwirtschaftliche Entwicklung*, in: A. BRUSATTI (a cura di), *Die Habsburgermonarchie*, vol. I, *Die wirtschaftliche Entwicklung*, Wien, 1973, pp. 403-461.

Dirninger 1992: Ch. Dirninger, *Die Diffusion der Sparkassenidee in Österreich im 19. Jahrhundert in regionaler Perspektive*, in: M. Pix, H. Pohl (hrsg), *Invention - Innovation - Diffusion. Die Entwicklung des Spar- und Sparkassengedankens in Europa. Zweites europäisches Kolloquium fr Sparkassengeschichte am 28.-29. Mai 1990 in München*, Stuttgart, 1992, pp. 207-233.

Forcher 1989: M. Forcher, *Vor Hundert Jahren begann die Zukunft. Die Anfänge des Tourismus in Tirol und die Gründung der ersten landesweiten Fremdenverkehrsorganisationen vor 100 Jahren*, in: "Tirol", 34 (1989), pp. 4-14.

Forcher 1989: M. Forcher, *Zu Gast im Herzen der Alpen: eine Bildgeschichte des Tourismus in Tirol*, Innsbruck, 1989.

Dorsi 1994: P. Dorsi, *Il Litorale nel processo di modernizzazione della monarchia austriaca*, Udine, 1994.

Franzina 1991: E. Franzina, *Storia dell'emigrazione veneta. Dall'Unità al Fascismo*, Verona, 1991.

Freudenberger 1981: H. Freudenberger, *Die proto-industrielle Entwicklungsphase in Österreich. Protoindustrialisierung als sozialer Lernprozeß*, in: H. Matis (hrsg), *Von der Glückseligkeit des Staates. Staat, Wirtschaft und Gesellschaft in Österreich im Zeitalter des Aufgeklärten Absolutismus*, Berlin, 1981, pp. 355-381.

Girelli 1969: A.M. Girelli, *Il setificio veronese nel Settecento*, Milano, 1969.

Gnesda 1979: L. Gnesda, *Gli "ospizi" nelle Dolomiti*, Firenze, 1979.

Good 1986: D. Good, *Der wirtschaftliche Aufstieg des Habsburgerreiches 1750-1914*, Wien, 1986.

Grafenauer 1981: B. Grafenauer, *La vita economica e il problema dell'autonomia locale della Slavia veneta nel periodo della repubblica*, in: A. Tagliaferri (a cura di), *Atti del Convegno: Venezia e la terraferma attraverso le relazioni dei rettori*, Milano, 1981, pp. 179-190.

Granda 2002: S. Granda, *Von der feudalen zu der kapitalistischen Gesellschaft. Die Wirtschaft Krains von der Mitte des 18. Jahrhunderts bis zur Mitte des 19. Jahrhunderts*, in: H. Krahwinkler (hrsg), *Staat-Land-Nation-Region. Gesellschaftliches Bewußtsein in den österreichischen Ländern Kärnten, Krain, Steiermark und Küstenland 1740 bis 1918*, Klagenfurt-Ljubljana-Wien-Dunaj, 2002, pp. 213-228.

Grandi 2003: C. Grandi, *Itinerari per la sopravvivenza* in: M. Garbari, A. Leonardi (a cura di), *Storia del Trentino*, V, *L'età contemporanea. 1803-1918*, Bologna, 2003, pp. 873-886.

Gross 1980: N.T. Gross, *La rivoluzione industriale nell'Impero austro-ungarico (1750-1914),* in: C.M.Cipolla (a cura di), *Storia economica d'Europa*, vol. IV, Torino, 1980, pp. 169-205.

Grosselli 1998: R. Grosselli, *L'emigrazione dal Trentino dal Medioevo alla prima guerra mondiale*, San Michele all'Adige, 1998.

Guichonnet 1975: P. Guichonnet, *Le développement démographique et économique des régions alpines*, in *Le Alpi e l'Europa*, vol. 2, Bari, 1975, pp. 138-196.

Guichonnet 1986/1987: P. Guichonnet (hrsg), *Storia e civiltà delle Alpi*, vol.I, *Destino storico*, Milano, 1986; vol.II, *Destino umano*, Milano, 1987.

Haas 1992: H. Haas, *Die Sommerfrische – Ort der Bürgerlichkeit*, in: H. Stekl, E. Bruckmüller, P. Urbanitsch, H. Heiss (hrsg), *Durch Arbeit, Besitz, Wissen und Gerechtigkeit*, Wien, Köln, Weimar, 1992, pp. 364-377.

Haas 1994: H. Haas (hrsg), *Weltbühne und Naturkulisse. Zwei Jahrhunderte Salzburg-Tourismus*, Salzburg, 1994.

Hackl 1997: W. Hackl, *Der Gast als Bedrohung. Reimmichls Kulturkampf gegen den Fremdenverkehr*, in: J. Holzer, O. Putzer, M. Siller (hrsg), *Literatur und Sprachkultur in Tirol*, Innsbruck, 1997, pp. 359-379.

Hassinger 1964: H. Hassinger, *Der Stand der Manufakturen in den deutschen Erblanden der Habsburgermonarchie am Ende des 18. Jarhunderts*, in: F. LÜTGE (hrsg), *Die wirtschaftliche Situation in Deutschland und Österreich um die Wende von 18 zum 19. Jahrhundert*, Stuttgart, 1964, pp. 110-176.

Hassinger 1969: H. Hassinger, *Der Verkehr über Brenner und Reschen vom Ende des 13. bis in die zweite Hälfte des 18.* Jahrhunderts, in: *Neue Beiträge zur geschichtlichen Landeskunde Tirols*, I. Teil, Innsbruck, 1969.

Heiss 1998: H. Heiss, *Locandieri o albergatori? Aspetti di una differenziazione professionale dell'industria alberghiera nel Tirolo fino al 1914*, in: G.L.Fontana, A. Leonardi, L. Trezzi (edd), *Mobilità imprenditoriale e del lavoro nelle Alpi in età moderna e contemporanea*, Milano, 1998, pp. 175-192.

Heiss 2001: H. Heiss, *Tourismus und Urbanisierung. Fremdenverkehr und Stadtentwicklung in den österreichischen Alpenländeren bis 1914*, in: A. Niederstätter (hrsg), *Stadt: Strom-Straße-Schiene. Die Bedeutung des Verkehrs für die Genese der mitteleuropäischen Städtelandschaft*, Linz-Donau, 2001, pp. 217-246.

Kellenbenz 1987: H. Kellenbenz, *Die Graubünder Päße im Rahmen des Verkehrsbeziehungen zwischen Oberdeutschland und Italien*, in: U. Lindgren (hrsg), *Alpenübergänge von Bayern nach Italien 1500-1850. Landkarten - Straßen - Verkehr*, Stuttgart, 1987, pp. 27-46.

Kellenbenz 1988: H. Kellenbenz, *Kapitalverflechtung im mittleren Alpenraum. Das Beispiel des Bunt- und Edelmetallbergbaues vom 15. bis zur Mitte des 17. Jahrhunderts*, in: "Zeitschrift für bayerische Landesgeschichte", LI (1988), pp. 13-50.

Komlos 1986: J. Komlos, *Die Habsburgermonarchie als Zollunion. Die Wirtschaftsentwicklung Österreich-Ungarns im 19. Jahrhundert,* Wien, 1986.

Krizek 1990: V. Krizek, *Kulturgeschichte des Heilbades*, Stuttgart, Berlin, Köln, 1990.

Kümin 2003: B. Kümin, *Vormodernes Gastgewerbe und früher Tourismus in den bernischen Alpen,* in: A. Leonardi, H. Heiss (hrsg), *Tourismus und Entwicklung im Alpenraum 18.-20. Jh. Turismo e sviluppo in area alpina. Secoli XVIII – XX.* Innsbruck, 2003, pp. 281-300.

Lachmayer, Mattl Wurm, Gagerle 1991: H. Lachmayer, S. Mattl Wurm, C. Gagerle, *Das Bad. Eine Geschichte der Badekultur im 19. und 20. Jahrhundert*, Salzburg, Wien, 1991.

Leonardi 1984/85: A Leonardi, *Il setificio austriaco tra crisi ed intervento pubblico (1870-1914),* in: "Studi trentini di scienze storiche", LXIV (1984), pp.361-400; LXV (1985), pp. 67-126.

Leonardi 1985: A. Leonardi, *Riflessi della politica economica teresiano-giuseppina sul setificio degli Erbländer austriaci*, in: C. Mozzarelli, G. Olmi (a cura di), *Il Trentino nel Settecento tra Sacro Romano Impero e antichi stati italiani,* Bologna, 1985, pp. 145-235.

Leonardi 1990: A. Leonardi, *Il Landeskulturrat e le conoscenze agrarie nelle aree tedesca e italiana del Tirolo tra Ottocento e Novecento*, in: S. Zaninelli (a cura di), *Le conoscenze agrarie e la loro diffusione in Italia nell'Ottocento*, Torino, 1990, pp. 85-160.

Leonardi 1991: A. Leonardi, *Intervento pubblico ed iniziative collettive nella trasformazione del sistema agricolo tirolese tra Settecento e Novecento*, Trento, 1991.

Leonardi 1994: A. Leonardi, *La situazione dell'agricoltura nell'area tirolese nella fase di superamento dell'ancien régime*, in: M. Falcetti (a cura di), *Territorio, società, agricoltura*, Trento, 1994, pp. 9-21.

Leonardi 1996: A. Leonardi, *L'economia di una regione alpina*, Trento, 1996.

Leonardi 1996a: A. Leonardi, *L'importanza economica dei Kurorte nello sviluppo del turismo austriaco*, in: P. Prodi, A. Wandruszka (a cura di), *Il luogo di cura nel tramonto della monarchia d'Asburgo,* Bologna, 1996, pp. 173-218.

Leonardi 1997: A. Leonardi, *Il "distretto industriale" nel Tirolo tra Settecento e Ottocento: un'identità incerta*, in: G.L. Fontana (a cura di), *Le vie dell'industrializzazione europea: sistemi a confronto*, Bologna, 1997, pp. 357-382.

Leonardi 1999: A. Leonardi, *Der Aufstieg der österreichischen Kurorte im 19. Jahrhundert: ein Interpretationsmodell*, in: H. Pechlaner e K. Weiermair (hrsg), *Destinations-Management. Führung und Vermarktung von touristischen Zielgebieten*, Wien, 1999, pp. 261-285.

Leonardi 2000: A. Leonardi, *Risparmio e credito in una regione di frontiera. La Cassa di risparmio nella realtà economica trentina tra XIX e XX secolo*, Roma - Bari, 2000.

Leonardi 2001: A. Leonardi, *Un'occasione perduta: la mancata industrializzazione del Trentino nel secolo XIX*, in: M. Allegri (a cura di), *Rovereto, il Tirolo, l'Italia: dall'invasione napoleonica alla belle époque*, Rovereto, 2001, tomo I, pp. 201-238.

Leonardi (ed) 2001: A. Leonardi (ed), *Aree forti e deboli nello sviluppo della montagna alpina*, Trento, 2001.

Leonardi 2003: A. Leonardi, *Dal declino della manifattura tradizionale al lento e contrastato affermarsi dell'industria*, in: M. Garbari, A. Leonardi (a cura di), *Storia del Trentino*, V, *L'età contemporanea. 1803-1918*, Bologna, 2003, pp. 597-663.

Leonardi 2003a: A. Leonardi, *Politica economica e lenta modernizzazione negli Alpenländer austriaci nel XIX secolo*, in: F. Piola Caselli (a cura di), *Regioni alpine e sviluppo economico. Dualismi e processi d'integrazione (secc. XVIII-XX)*, Milano, 2003, pp. 281-317.

Leonardi 2003b: A. Leonardi, *Turismo e modernizzazione economica nell'area alpina austriaca. Analisi di alcuni indicatori quali-quantitativi,* in: A. Leonardi, H. Heiss (hrsg), *Tourismus und Entwicklung im Alpenraum 18.-20. Jh. Turismo e sviluppo in area alpina. Secoli XVIII – XX.* Innsbruck, 2003, pp. 227 – 280

Leonardi 2004: A. Leonardi, *Energia e sviluppo nell'area trentina e sudtirolese*, in: A. Bonoldi, A. Leonardi, (a cura di), *Energia e sviluppo in area alpina. Secoli XIX-XX*, Milano, 2004, pp. 131-164.

Leonardi 2006: A. Leonardi, *Die Kultur der Gastlichkeit in den südlichen Alpen: 19.-20. Jahrhundert*, in: H. Alexander, E. Dietrich-Daum, W. Meixner (hrsg.), *Menschen – Regionen – Unternehmen*, Innsbruck, 2006, pp. 125-140.

Leonardi 2007: A. Leonardi, *Le infrastrutture per le fiere. Il forgiarsi della cultura dell'ospitalità*, in: A. Bonoldi, M.A. Denzel (hrsg./ a cura di), *Bozen im Messenetz Europas (17.-19. Jahrhundert) / Bolzano nel sistema fieristico europeo (secc. XVII-XIX)*, Bolzano / Bozen, 2007, pp. 187-200.

Leonardi 2008: A. Leonardi, *Die Handelsbeziehungen zwischen Nord- und Südeuropa im 17. und 18. Jahrhundert und die Rolle des Trentiner-Tiroler Raums. Eine Einleitung*, in: "Scripta Mercaturae. - Zeitschrift für Wirtschafts- und Sozialgeschichte -", Jahrg. 42, Heft 1/2008, pp. 1–8.

Leonardi 2009: A. Leonardi, *Vom Elitętourismus zum Massentourismus*, in A. Leonardi (hrsg), *Die Region Trentino- Südtirol im 20. Jahrhundert. 2. Wirtschaft. Die Wege der Entwicklung*, Trient, 2009, pp. 341-364.

Leonardi 2010: A. Leonardi, *La struttura economica dell'area trentino-tirolese al tramonto dell'ancien régime*, in: M. Bellabarba, E. Forster, H. Heiss, A. Leonardi, B. Mazohl (hrsg.), *Eliten in Tirol zwischen Ancien Régime und Vormärz. Le élites in Tirolo tra Antico Regime e Vormärz*, Innsbruck, Wien, Bozen, 2010, pp. 201-220.

Leonardi 2010a: A. Leonardi, *Entrepreneurial mobility in the development of the Austrian Kurorte in the nineteenth century*, in: *Journal of Tourism History*, Vol. 2, Nr. 2, August 2010, 99-116.

Leonardi 2011: A. Leonardi, *Grande deflazione ed esodo di massa dalla Monarchia asburgica. Il caso tirolese*, in: Atti dell'Accademia Roveretana degli Agiati. Classe di Scienze umane, Lettere ed Arti", v. CCLX ser.VIII, vol. X,A, fasc.II (2011), pp. 39-64.

Leonardi 2013: A. Leonardi, *Le infrastrutture di comunicazione nelle Alpi: gli interventi innovativi realizzati tra XIX e XX secolo*, in: C. Barciela Lòpez, A. Di Vittorio, G. Fenicia, N. Ostuni (a cura di), *Vie e mezzi di comunicazione in Italia e Spagna in età contemporanea*, Soveria Mannelli, 2013, pp. 71-94.

Lindgren 1987: U. Lindgren (hrsg), *Alpenübergänge von Bayern nach Italien 1500-1850. Landkarten - Straßen - Verkehr*, Stuttgart, 1987.

Lorandini 2006: C. Lorandini, *Famiglia e impresa. I Salvadori di Trento nei secoli XVII e XVIII,* Bologna, 2006.

Maczak 1992: A. Maczak, *Viaggi e viaggiatori nell'Europa moderna,* Roma-Bari, 1992.

Mathieu 1992: J. Mathieu, *Eine Agrargeschichte der Inneren Alpen, Graubünden, Tessin, Wallis 1500-1800,* Zürich, 1992.

Mathieu 2000: J. Mathieu *Storia delle Alpi 1500-1900. Ambiente, sviluppo e società*, Bellinzona, 2000.

Mathis 1990: F. Mathis, *Big Business in Österreich II. Wachstum und Eigentumsstruktur der österreichischen Großunternehmen im 19. Und 20. Jahrhundert. Analyse und interpretation*, Wien, München, 1990.

Mathis 1994: F. Mathis, *Die wirtschaftliche Entwicklung in der frühen Neuzeit (1519-1740)*, in: *Chronik der Tiroler Wirtschaft*, Wien, 1994, pp. 75-113.

Mathis 1997: F. Mathis, *1822-1997 Für Wohlstand und wirtschaftliche Entwicklung*, Innsbruck, 1997.

Matis 1972: H. Matis, *Österreichs Wirtschaft 1848-1913. Konjunkturelle Dynamik und gesellschaftlicher Wandel im Zeitalter Franz Josephs I,* Berlin, 1972.

Matis 1981: H. Matis, *Die Rolle der Landwirtschaft im Merkantilsystem. Produktionsstruktur und gesellschaftliche Verhältnisse im Agrarbereich*, in: H. Matis (hrsg), *Von der Glückseligkeit des Staates.*

Staat, Wirtschaft und Gesellschaft in Österreich im Zeitalter des Aufgeklärten Absolutismus, Berlin, 1981, pp. 269-293.

Matis 1981a: H. Matis, *La rivoluzione industriale: l'intervento dello Stato nei conflitti d'interesse*: in: P. Schiera (a cura di), *La dinamica statale austriaca nel XVIII e XIX secolo,* Bologna, 1981, pp. 265-304.

Matis 1985: H. Matis, *Le condizioni economiche di base vigenti nelle regioni alpine verso la fine del diciannovesimo secolo*, in: M. Garbari (a cura di), *Trento nell'età di Paolo Oss mazzurana*, Trento, 1985, pp. 135-146.

Matis 1987: H. Matis, *Die Habsburgermonarchie (Cisleithanien) 1848-1918*, in: K. Bachinger (hrsg), *Grundriß der österreichischen Sozial-und Wirtschaftsgeschichte von 1948 bis zur Gegenwart*, Wien, 1987, pp. 6-39.

Meixner 1994: W. Meixner, *Handwerk und Gewerbe im 19. Jahrhundert*, in: *Chronik der Tiroler Wirtschaft*, Wien, 1994, pp. 156-198.

Meixner 1997: W. Meixner, *Imprenditori e industrializzazione regionale nell'Austria del XIX secolo*, in: di G.L. Fontana (a cura di), *Le vie dell'industrializzazione europea. Sistemi a confronto,* Bologna, 1997, pp. 357-374.

Melville 1981: R. Melville, *La crisi della signoria fondiaria in Austria dal Vormärz alla rivoluzione, come problema della Staatswerdung*, in: P. Schiera (a cura di), *La dinamica statale austriaca nel XVIII e XIX secolo*, Bologna, 1981, pp. 189-206;

Melville 1981a: R. Melville, *Grundherrschaft, rationale Landwirtschaft und Frühindustrialisierung*, in: H. Matis (hrsg), *Von der Glückseligkeit des Staates. Staat, Wirtschaft und Gesellschaft in Österreich im Zeitalter des Aufgeklärten Absolutismus*, Berlin, 1981, pp. 295-313.

Merzario 1989: R. Merzario, *Il capitalismo nelle montagne. Strategie familiari nella prima fase di industrializzazione nel Comasco*, Bologna, 1989.

Moioli 1985: A. Moioli, *Aspetti del commercio di transito nel Tirolo nella seconda metà del Settecento,* in: C. Mozzarelli, G. Olmi (a cura di), *Il Trentino nel Settecento tra Sacro Romano Impero e antichi stati italiani,* Bologna, 1985, pp. 805-899.

La montagne réinventée 1994 : *La montagne réinventée : géographes, naturalistes et sociétés (XVIIIe-Xxe siècles). Reinventing mountain areas : geographers, naturalists and society (18th-20th centuries)*, Grenoble, 1994.

Morassi 1992: L. Morassi, *La produzione tessile in Friuli nella seconda metà del Settecento*, in: G.L. Fontana, A. Lazzarini (a cura di), *Veneto e Lombardia tra rivoluzione giacobina ed età napoleonica. Economia, territorio, istituzioni*, Bari, 1992, pp. 315-343.

Motti 1994: G.P. Motti, *La storia dell'alpinismo*, Torino, 1994.

Occhi 2006: K. Occhi, *Boschi e mercanti. Traffici di legname tra la contea di Tirolo e la repubblica di Venezia (secoli XVI-XVII)*, Bologna, 2006.

Panariti 1996: L. Panariti, *La seta nel Settecento Goriziano. Strategie pubbliche e iniziative private*, Milano, 1996.

Patat 1991: L. Patat, *L'industria tessile goriziana: dalla seconda metà dell'Ottocento alla crisi degli anni Trenta*, Udine, 1991.

Pechlaner-Weiermair 1999: H. Pechlaner, K. Weiermair (hrsg), *Destinations-Management. Führung und Vermarktung von touristischen Zielgebieten*, Wien, 1999.

Pickl 1983: O. Pickl, *Die Rolle der habsburgischen Ostalpenländer im Ost-West-Handel von der Mitte des 15. Bis zur Mitte des 17. Jahrhunderts,* in: W. Höflechner (hrsg), *Domus Austriae. Festschrift für Hermann Wiesflecker,* Graz, 1983, pp. 303-320.

Pisoni 1997: A. Pisoni, *Il filo perduto. La bachicoltura trentina dell'Ottocento tra ripresa e declino*, Trento, 1997.

Pollard 1981: S. Pollard, *Peaceful Conquest: The Industrialization of Europe, 1760-1970,* Oxford, 1981.

Preyer 1983: R. Preyer, *Il bosco e la struttura agraria e forestale in Alto Adige*, Firenze, 1983.

Riedenauer 1987: E. Riedenauer, *Zur politischen und strategischen Bedeutung der Tiroler Alpenpäße für die Territorialstaaten der frühen Neuzeit*, in: "Zeitschrift für bayerische Landesgeschichte", L (1987), pp. 323-362.

Rohrer 2003: J. Rohrer, *Zimmer frei*, Meran, 2003.

Rosner 1994: W. Rosner (hrsg), *Sommerfrische. Aspekte eines Phänomens*, Wien, 1994.

Roth 2005: R. Roth, *Das Jahrhundert der Eisenbahnen. Die Herrschaft über Raum und Zeit 1800-1914*, Ostfildern, 2005.

Sandgruber 1995: R. Sandgruber, *Ökonomie und Politik. Österreichische Wirtschaftsgeschichte vom Mittelalter bis zur Gegenwart*, Wien, 1995.

Sandgruber 2004: R. Sandgruber, *Gli esordi dell'elettrificazione nelle province alpine austriache,* in: A. Bonoldi, A. Leonardi (edd), *Energia e sviluppo in area alpina,* Milano, 2004, pp. 165-186.

Segreto 1988: L. Segreto, *La protoindustrializzazione nelle campagne dell'Italia settentrionale ottocentesca*, in: "Studi storici", 1988, pp. 253-273.

Sensenig 1990: G. Sensenig, *Bergbau in Südtirol. Von der Alttiroler Bergbautradition zur modernen italienischen Montanindustrie. Eine Sozialgeschichte*, Salzburg, 1990.

Stopani 1991: R. Stopani, *Le vie di pellegrinaggio nel Medioevo. Gli itinerari per Roma, Gerusalemme, Compostela,* Firenze, 1991.

Tissot 1996: L. Tissot, *Il turismo: dal pellegrino al Club Mediterranée*, in: *Storia d'Europa,* vol. V: *L'età contemporanea (secoli XIX – XX)* , Torino, 1996.

Tissot 2003: L. Tissot, *Development of a tourist industry in the 19th and 20th centuries: International perspectives / Construction d'une industrie touristique aux 19ème et 20ème siècles: Perspectives internationales,* Neuchâtel, 2003.

Unsworth 1993: W. Unsworth, *Hold the heights : the foundations of mountaineering*, London, 1993.

Valentinitsch 2001: H. Valentinitsch, *Niedergang, Stagnation und Aufschwung. Der Alpen-Adria Raum 1619 bis 1750*, in: A. Mortisch (hrsg), *Alpen-Adria. Zur Geschichte einer Region*, Klagenfurt – Ljubljana – Wien, 2001, pp. 233-291.

Viazzo 1990: P.P. Viazzo, *Comunità alpine. Ambiente, popolazione, struttura sociale nelle Alpi dal XVI secolo a oggi,* Bologna, 1990.

Wysocki 1994: J. Wysocki, *Sparkassenorganisation und Wirtschaftswachstum von den Anfängen bis 1914*, in: *Sparkassenorganisation und Wirtschaftswachstum: Historische Aspekte und Zukunftperspektiven. Sparkassenhistorisches Symposium 1993*, Stuttgart, 1994.

Zaninelli 1978: S. Zaninelli, *Una agricoltura di montagna nell'Ottocento: il Trentino*, Trento, 1978.

Zurfluh 1993: A. Zurfluh, *Un monde contre le changement, une culture au coeur des Alpes, Uri en Suisse, XVIIe- XXe siècles*, Paris, 1993.

Zwanowetz 1977: G. Zwanowetz, *Zur Wirtschaftslage Tirols und Vorarlbergs gegen Ende der Regierungszeit Kaiser Josephs II.*, in: F. Huter, G. Zwanowetz (hrsg), *Erzeugung, Verkehr und Handel in der Geschichte der Alpenländer*, Innsbruck, 1977, pp. 417-447.

Zwanowetz 1986: G. Zwanowetz, *Das Straßenwesen Tirols seit der Eröffnung der Eisenbahn Innsbruck-Kufstein (1858)*, Innsbruck, 1986.

Zwanowetz 1986a: *Zur wirtschaftlichen und strukturellen Entwicklung Tirols nach 1809, mit besonderer Berücksichtigung der Industrialisierung*, in: E. Kühebacher (hrsg), *Tirol im Jahrhundert nach Anno Neun. Beiträge der 5. Neustifter Tagung des Südtiroler Kulturinstitutes*, Innsbruck, 1986, pp. 133-151.

Markus Reiterer

Nachhaltige lebenswerte Alpen – Wirtschaften und Alpenkonvention

Der 1967 geborene Jurist ***Markus Reiterer*** *arbeitete nach Abschluss des Studiums am Institut für Völkerrecht und Internationale Beziehungen der Universität Wien und spezialisierte sich auf Umweltrecht. Dann wechselte er in das österreichische Bundesministerium für auswärtige Angelegenheiten, wo er ab 2002 Leiter des Referates für internationales Umwelt- und Wirtschaftsrecht im Völkerrechtsbüro war. 2005 wurde Reiterer als Vertreter Österreichs zur Abrüstungskonferenz nach Genf berufen, 2008 wurde er mit der Leitung der politischen Abteilung an der österreichischen Botschaft in Washington D.C. betraut. Ab 2011 war der Diplomat im Kabinett des Exekutivsekretärs der internationalen Atomteststopp Behörde (CTBTO) tätig. Im Dezember 2014 wurde er von den Umweltministern der acht Alpenländer zum Generalsekretär der Alpenkonvention, mit Sitz des ständigen Sekretariats in Innsbruck, ernannt. Die Alpenkonvention ist ein völkerrechtlicher Vertrag über den umfassenden Schutz und die nachhaltige Entwicklung der Alpen*[1].

[1] Der Autor ist Generalsekretär der Alpenkonvention. Die in diesem Artikel gemachten Aussagen, spiegeln die persönliche Ansicht des Autors wider und müssen sich nicht notwendigerweise mit jenen der Institution decken, die dieser vertritt.

1. Ausgangslage

Es gibt unzählige Möglichkeiten, sich dem Phänomen Alpen zu nähern: physisch, psychologisch, soziologisch, geographisch, ökologisch, wirtschaftlich, sportlich, etc. Dabei bleibt, dass es sich bei den Alpen um einen ungeheuer diversen und faszinierenden Lebens-, Wirtschafts-, Natur- und Kulturraum handelt, der sich von allen Berggebieten Europas wesentlich unterscheidet. Dabei geht es weniger um die relativ kleinräumige Struktur, sondern vor allem darum, dass die Alpen tatsächlich im Herzen Europas liegen, im wahrsten Sinne des Wortes an einem Knotenpunkt unseres Kontinents. Gleichzeitig sind die Alpen ein reicher Raum, einer der reichsten Europas: ein funktionierendes Wirtschaftsgebiet; ein Gebiet mit ausgeprägter akademischer Tradition und Leistungskraft; ein Gebiet mit der zweithöchsten Artenvielfalt Europas; ein Gebiet auch, wo es nach wie vor eine funktionierende Berglandwirtschaft gibt, auch wenn diese sich einer ganzen Reihe neuer Herausforderungen stellen muss; ein Gebiet auch, wo starke Traditionen beheimatet sind.

2. Herausforderungen

Gleichzeitig aber steht der alpine Raum vor großen Herausforderungen. Nennen wir hier nur zwei Beispiele: den demographischen Wandel und den Klimawandel. Mit durchschnittlich ca. 80 Einwohnern pro Quadratkilometer sind die Alpen eines der am dichtest besiedelten Berggebiete der Welt. In den letzten zehn Jahren ist die Zahl der Einwohner in den Alpen leicht gestiegen, jedoch konzentrieren sich die Einwohner mehr und mehr in den größeren Ballungszentren und den leicht erreichbaren Tälern. Ein Phänomen, das sich in Innsbruck ebenso beobachten lässt, wie um Bozen oder Grenoble. Zum selben Zeitpunkt kommt es in schlechter erreichbaren Gebieten zu einer Ausdünnung der Bevölkerung. Die Ausdünnung der Bevölkerung bewirkt aber natürlich auch den Niedergang des dortigen Kultur- und Wirtschaftslebens, die Aufgabe landwirtschaftlicher Betriebe, den Verlust der „gewohnten“ alpinen Kulturlandschaft.

Seit dem Jahr 1880, also etwa dem Einsetzen der industriellen Revolution, ist die weltweite Durchschnittstemperatur um ein Grad Celsius gestiegen. In Österreich aber, kam es im selben Zeitraum zu einer fast doppelt so hohen Erwärmung, also um rund zwei Grad Celsius. Mehr als die Hälfte dieser Erwärmung ist seit 1980 eingetreten.[2] Mit anderen Worten: die

[2] Österreichischer Sachstandsbericht Klimawandel 2014, S. 28.

Erwärmung hat sich sehr stark beschleunigt. Während die Erwärmung um den ersten Grad rund 100 Jahre in Anspruch nahm, dauerte die Temperaturzunahme zum zweiten Grad nur mehr rund 30 Jahre. Das Austrian Panel on Climate Change etwa rechnet in der ersten Hälfte des 21. Jahrhunderts – also in den nächsten 35 Jahren – mit einer weiteren Zunahme von rund 1,4 Grad. Es gilt, die Auswirkungen dieser Entwicklungen nüchtern zu analysieren, die richtigen Schlüsse daraus zu ziehen und danach möglichst fehlerfrei zu handeln. Im Bereich der Raumplanung werden etwa verstärkt Maßnahmen nötig, um die Auswirkungen extremer Wetterereignisse und deren Folgen zu minimieren. Der Wintertourismus wird durch den stetigen Temperaturanstieg weiter unter Druck kommen, wobei Anpassungsmöglichkeiten, etwa durch Beschneiung, begrenzt sind[3] und Fehlanpassungen wahrscheinlich. Andererseits könnte durch steigende Temperaturen im Mittelmeerraum der Sommertourismus profitieren. Sehr wahrscheinlich erscheint es aber, dass die Wertschöpfung im Tourismusbereich in Zukunft geringer ausfallen wird.

Die Suche nach alternativen und tatsächlich innovativen Wertschöpfungsmöglichkeiten wird daher immer wichtiger. „*More of the same*", wie das in der Vergangenheit mit verlässlicher Bequemlichkeit so oft genügt hat, wird in Zukunft nicht mehr ausreichen, um den erreichten Wohlstand zu erhalten. Dies wird eine der großen Herausforderungen auch für die Wirtschaftstreibenden in Zukunft sein: Nutzung der innovativen Kraft zur nachhaltigen Entwicklung unseres Lebensraums.

3. Wie handeln?

Es gibt einen weiteren Punkt, in dem sich die Alpen wesentlich von anderen Berggebieten Europas unterscheiden: die lange Tradition der internationalen (Bsp. Alpenkonvention), interregionalen (Bsp. ArgeAlp) und intermunizipalen (Bsp. Gemeindenetzwerk Allianz in den Alpen, bzw. Alpenstadt des Jahres) Zusammenarbeit.

Mit der Alpenkonvention[4] wurde 1991 der erste völkerrechtliche Vertrag zum Schutz und zur nachhaltigen Entwicklung einer gesamten Gebirgsregion geschaffen. Ein Schritt, der bis heute beispielgebend ist (siehe Karpathenkonvention). Mit der Alpenkonvention und den in weiterer Folge abgeschlossenen Protokollen, die ihrerseits völkerrechtlich verbindliche

---

[3] Ibid. Seite 40.

[4] Für mehr Information siehe: www.alpconv.org.

Verträge sind, werden Zielvorgaben und konkrete Vorschriften für den alpinen Raum in den zentralen Bereichen des Lebens in den Alpen gesetzt. Zu diesen Bereichen zählen etwa Verkehr (mit den Zielen der Kostenwahrheit, der Verlagerung des Güterverkehrs auf die Schiene und des für den Alpentransit so zentralen Verzichts auf den Bau neuer hochrangiger Straßen für den alpenquerenden Verkehr), der Bereich Raumplanung (mit dem Ziel einer nachhaltigen Nutzung des verfügbaren Raums), der Bereich Energie (mit Verpflichtungen in den zentralen Bereichen der Energiegewinnung, des Transports und der Einsparung), im Bereich des Naturschutzes (dabei auch des völkerrechtlich verankerten Schutzes bestehender Schutzgebiete im Sinne ihres Schutzzwecks), dem Bereich Tourismus (mit dem Ziel der Stärkung des nachhaltigen Tourismus und der Anerkennung der durch den Tourismus geleisteten Wertschöpfung[5]) und im Bereich Berglandwirtschaft (bei dem es neben der Inwertsetzung auch um die tatsächliche Wertschätzung der Landwirtschaft unter den erschwerten Bedingungen des alpinen Raums geht). Dies, um nur einige Beispiele zu nennen. In weiterer Folge kam es im Rahmen der Konvention auch zur verstärkten Auseinandersetzung mit den beiden oben genannten Herausforderungen des Klimawandels (bereits 2009 verabschiedete die Alpenkonferenz einen Aktionsplan Klimawandel) und des demographischen Wandels: dem letzteren ist der 5. Alpenzustandsbericht gewidmet, der im Winter 2014/15 erschien. Der 6. Alpenzustandsbericht setzt sich mit der „grünen Wirtschaft im Alpenraum" auseinander.

Man sieht: Leben und Wirtschaften hängen eng zusammen. Die Alpenkonvention als Instrument der lebenswerten Alpen ist daher auch nicht gegen das Wirtschaften gerichtet. Das Gegenteil ist der Fall. Aber wir müssen dafür Sorge tragen, dass das Wirtschaften im Alpenraum nachhaltig – also zukunftsfähig – erfolgt. Ein Wintertourismus beispielsweise, der die letzten Naturjuwele zerstört, sägt irgendwann einmal den Ast ab, auf dem er selbst bislang recht bequem gesessen ist. Ein Güterverkehr, der unsere Lebensräume mit einem Mix gefährlicher Emissionen belastet, kann nicht der Weisheit letzter Schluss sein. Ein Wirtschaften, das an den Realitäten und Herausforderungen – siehe Klimawandel, siehe demographischer Wandel – vorbeigeht, erhöht das Risiko von lock-in Effekten – oder einfach gesagt: milliardenschweren Fehlinvestitionen, die sich a) nicht rechnen, b) die Wirtschaftstreibenden zu Bittstellern um Förderungen der öffentlichen Hand degradieren und c) das Risiko erhöhen, sich mehr und mehr im vorhandenen

[5] Sh. auch den sog. 4. Alpenzustandsbericht zum Thema nachhaltiger Tourismus.

Problem einzugraben, ohne einer Antwort auch nur einen Schritt näher zu kommen. Solche Fehlentwicklungen bilden in Wahrheit eine Hypothek für die Zukunft, die es den Generationen nach uns erschwert, ihren eigenen Weg zu gehen. Der Ausgleich – das ausgewogene Verhältnis zwischen Schützen und Nützen – ist Notwendigkeit; kein Wohlstandsluxus. Der Klimawandel etwa ist längst keine Glaubensfrage mehr, sondern spürbare Wirklichkeit: egal ob Du an den Klimawandel glaubst oder nicht, er findet statt. Will Wirtschaften in den Alpen erfolgreich sein, muss auf genau diese Realitäten eingegangen werden. Die Alpenkonvention versucht hier schon seit Jahren einen ausgewogenen Beitrag zu leisten und Rahmenbedingungen zu bieten. Es gibt hervorragende Beispiele, wo auch heute schon diese wirtschaftliche, soziale und ökologische Nachhaltigkeit gefördert und gelebt wird; man denke nur an die Entwicklungen in den einzelnen Wertschöpfungsketten, wie etwa Holz und Lebensmittel, wo aus dem regionalen Können und Wissen neue Innovationskraft geschöpft wird. Auch die Zunahme der Nachfrage – und erfreulicherweise auch des Angebots im Bereich des nachhaltigen Tourismus – gibt Anlass zu Optimismus.

Es geht heute nicht darum, alte Feindschaften zu pflegen; es geht darum, sich gemeinsam der Realität zu stellen, und Lösungen zu finden, die die Balance schaffen zwischen dem notwendigen Schutz und der notwendigen Entwicklung. Klarerweise wird es Meinungsverschiedenheiten geben, unterschiedliche Interessen und Ansätze. Aber entscheidend ist, wie wir damit umgehen. Nicht im Kampf, sondern in der Auseinandersetzung darum, unseren Lebens-, Wirtschafts-, Natur- und Kulturraum gemeinsam lebenswert zu erhalten und zu entwickeln. Das sind wir uns schuldig, aber was noch viel mehr zählt: all jenen, die nach uns kommen.

Alpine Landwirtschaft

Reschensee mit Ortlergruppe

Mit Kreativität und Teamgeist zur Exzellenz
Therese Fiegl

Von Wachstum und Differenzierung in der Landwirtschaft
Ingo Metzler

Mit „extremer Qualität" zum Durchbruch
Martha und Daniel Gantenbein

Therese Fiegl

Mit Kreativität und Teamgeist zur Exzellenz

Wie gelingt es, ein Netzwerk landwirtschaftlicher Betriebe aufzubauen und dadurch nicht nur eine innovative Form des Direktvertriebs zu entwickeln, sondern auch eine Wertschätzung und einen fairen Preis für regionale Produkte zu erzielen? Der Schlüssel liege neben dem Storytelling in der Fähigkeit, die richtigen Personen zu vernetzen. Dadurch werde nicht mehr addiert, sondern multipliziert, meint die Erfinderin der „Bauernkiste“ Therese Fiegl.

__Therese Fiegl__ kreiert seit 1997 Marken mit regionalem Bezug im landwirtschaftlichen und handwerklichen Bereich. Die studierte Agrarökonomin und vierfache Mutter initiierte und betreibt die Projekte „Bauernkiste", ein Zustelldienst von frischen, regionalen Bauernprodukten, „Tiroler Reine“, eine Seife, in die das jahrhundertealte Wissen der Seifensieder-Familie Walde einfließt und „Tiroler Edle", eine handgeschöpfte Edelschokolade mit Milch vom Tiroler Grauvieh. 2015 eröffnete sie in der Innsbrucker Altstadt einen eigenen „Flagship Store“ für hochwertige regionale Produkte.

Frau Fiegl, welche Rolle spielen für Sie die Alpen?

Fiegl: Die Alpen sind der Raum, welcher mich umgibt, mein Lebensraum. Hier gibt es schöne Berge und eine großartige Natur- und Kulturlandschaft. Dieser Raum steht für Tradition und Heimat, aber leider auch für viel Zerstörung und Geschäftemacherei. Diesen alpinen Raum zu erhalten, halte ich für enorm wichtig, weil er einfach einen unglaublichen Schatz darstellt.

Sie sind sehr viel in den Alpen unterwegs. Würden Sie sagen, es gibt den Typus des „alpinen Menschen"?

Fiegl: Zwar kann man Unterschiede nördlich und südlich des Alpenhauptkammes erkennen, aber ich glaube, dass es solch einen „alpinen Menschen" gibt. Die Menschen waren in diesen exponierten Regionen stets mit extremen Gegebenheiten konfrontiert und wurden dadurch sehr geprägt. Ebenso prägten sie die bäuerlichen Besitzstrukturen. Die Bauern im alpinen Raum waren schon früh selbständige Kleinbauern. Sie waren gezwungen, „nachhaltig" zu wirtschaften. Diese frühe Prägung spüre ich heute in allen meinen Projekten mit den Bauern und nutze sie auch aktiv. Ich lerne dabei sehr viel. Im Kern geht es schon seit Generationen um ein nachhaltiges, natürliches Wachstum. Also nicht um kurzfristigen Profit, sondern darum, selbst Ererbtes weiter zu vererben und vielleicht ein bisschen zu vermehren. Diese alpinen bäuerlichen Werte sollten auch in der heutigen Welt vermehrt beachtet werden. In unseren Projekten kann ich feststellen, dass es sich bezahlt macht, wenn man Qualitäten und Fähigkeiten stärkt, die Nachhaltigkeit achtet und allem eine Wertschätzung zuteil werden lässt.

Wie hat denn Ihr Projekt der „Bauernkiste" begonnen?

Fiegl: Begonnen hatte das Projekt mit meiner Diplomarbeit. Ich hatte in Wien, an der Universität für Bodenkultur, Landwirtschaft studiert. Die Arbeit beschäftigte sich mit der Wechselwirkung zwischen den Agrarförderungen und der Landschaftspflegeleistung der alpinen Landwirtschaft am Beispiel des hinteren Tuxer Tals. Die Bedingungen dort sind extrem. Ein sehr steiles Tal, mit intensiver touristischer Nutzung. Würden dort die steilen Felder zwei Jahre nicht bewirtschaftet werden, käme es zu Erosionen und Vermurungen. Für meine Arbeit hatte ich 50 Bauern befragt und jeder sagte zu mir: „Nein, das mit den Agrarförderungen ist schon gut und recht, aber ich möchte nicht für die Landschaftspflege bezahlt werden, sondern für mein Produkt mehr bekommen.“ Das war für mich nachvollziehbar, denn Tierhaltung in den Bergen ist etwas anderes, als industrielle Massenproduktion im Flachland. Seitdem war es mein Wunsch, mich für diese Berglandwirtschaft einzusetzen.

Als ich dann nach Beendigung des Studiums nach Innsbruck zurückkehrte, heiratete und vier Kinder bekam, wollte ich, dass wir vermehrt Bauernprodukte aus der Berglandwirtschaft kaufen. Diese sollten aber nach Hause zugestellt werden. Mit vier kleinen Kindern ist es schwierig gewesen, auf den Bauernmarkt einkaufen zu gehen. Da es keinen Zustelldienst gab, ich persönlich gerne so ein Angebot gehabt hätte, und ich mich an den Wunsch der Bauern nach besserer Bezahlung des Produktes erinnerte, kam es zur Gründung der Bauernkiste.

Bis heute ist es uns ein zentrales Anliegen, durch die Bauernkiste den Bauern einen fairen Preis zu ermöglichen. Den können wir erzielen, wenn wir gute und ehrliche Qualität liefern. Weiters arbeiten wir mit sehr niederen Spannen und der Geldfluss findet direkt zwischen Kunden und Bauern statt. Die Bauernkiste selbst ist daher auch kein Unternehmen im klassischen Sinne, sondern ein Netzwerk. Es geht mir bei allen meinen Projekten im Wesentlichen auch nicht um Struktur, sondern um qualitätsvolle Produkte.

Wie wurden denn die Partnerbetriebe gefunden?

Fiegl: Wir haben unser Netzwerk 1997 gestartet, aber es war teilweise kein leichter Weg. Gerade in der Zeit des Aufbaus mussten wir uns auch von Bauern trennen, da die Qualität nicht passte. Inzwischen haben wir ein tolles Team von LieferantInnen und ich empfinde es als absoluten Luxus, dass die Kunden der Bauernkiste ihre „Privatbauern“ haben. Jeder Kunde der Bauernkiste erhält die Information, von welchem Betrieb er beliefert wird, kann mit den Produzenten in Kontakt treten, sowie vor Ort den Betrieb besichtigen und den gesamten Produktionsprozess einsehen.

Spüren Sie, dass sich die positive Wahrnehmung und das Bewusstsein der Menschen gegenüber nachhaltigen Produkten gesteigert hat?

Fiegl: Absolut. Ich wurde in den Anfängen der Bauernkiste mitunter belächelt. Inzwischen haben wir 800-900 Kunden pro Woche, welche im Durchschnitt um 30 € Bauernprodukte kaufen.

Das sind beeindruckende Zahlen! Wie zufrieden sind denn die bäuerlichen Partnerbetriebe mit der Bauernkiste? Hat sich deren Struktur durch die Bauernkiste verändert?

Fiegl: Für die landwirtschaftlichen Betriebe in den Alpen ist es schwierig, mit den Anforderungen des Handels mitzuhalten. Sie sind zu klein strukturiert, etwa beim Thema Verpackung und Haltbarkeit. Hier gibt es einen unglaublichen Druck. Manche können hier von vornherein nicht mithalten und sind somit auf die Direktvermarktung angewiesen. Doch die klassische Direktvermarktung am Bauernmarkt ist auch nicht so einfach und sehr vom Wetter abhängig. Oftmals können die Bauern die Hälfte ihrer Produkte dort nicht verkaufen, da das Wetter zu schön oder zu schlecht war. Dem gegenüber ist die Bauernkiste ein sehr angenehmes Vertriebssystem. Die Bauern wissen bis Dienstag in der Früh ganz genau, was bestellt wurde. Am Donnerstag werden die Bestellungen zugestellt.

Bei uns können die Bauern auch Produkte anbieten, zum Beispiel kleinere Zucchini, welche sonst nicht den Standards des Handels entsprechen würden, aber in der Qualität viel besser sind.

Einzelne Partnerbetriebe haben nun begonnen Folienhäuser einzurichten, um früher und länger anbauen zu können. Das hätte sich ohne die Bauernkiste nie rentiert. Und auch die Kinder aus den bäuerlichen Betrieben interessieren sich wieder vermehrt für die Landwirtschaft. Das freut mich ungemein. Hier entwickelt sich eine echte Perspektive. In tourismusstarken Regionen ist das noch schwierig. Der Tourismus bietet dort die Möglichkeit, viel Geld zu verdienen. So bleibt die Landwirtschaft im Nebenerwerb, was schade ist. Aber auch in diesen Regionen ändert sich etwas. So haben wir bspw. in St. Anton, Serfaus und Galtür viele Bauernkiste Kunden. Das sind Hoteliers von vier und fünf Sterne Hotels, die für ihre Familie die Bauernkiste bestellen. Das finde ich bemerkenswert.

Sie haben mit der Bauernkiste ein beachtliches Netzwerk geschaffen. Sind Sie eine überzeugte Netzwerkerin?

Fiegl: Ich bin eine totale Teamworkerin! Ich denke, gerade in Projekten wie der Bauernkiste geht das gar nicht anders. Wenn man alleine arbeitet, addiert man und wenn man zusammen arbeitet, dann multipliziert man. Jeder muss aber auch seine Rolle kennen und wissen, was er zu tun hat oder was von ihm erwartet wird. Meine Aufgabe sehe ich auch darin, Dinge anzusprechen, die nicht passen. Ich habe also immer das Ganze im Auge und verfolge von Anfang an eine Vision. Ich möchte möglichst viele, gesunde, alpine Bauernprodukte für möglichst viele Kunden.

Welche Rolle spielt dabei das Thema Innovation? Kommen die Ideen von Ihnen oder eher von den Bauern?

Fiegl: Manche Ideen kommen von mir und meinen MitarbeiterInnen, viele von den Bauern, aber auch von unseren Kunden. Durch unseren treuen, dem Neuen aufgeschlossenen Abnehmerkreis, haben die Erzeuger natürlich auch weniger Risiko und wagen mehr. Bspw. hat ein Bauer im Stubaital durch die Bauernkiste sehr erfolgreich begonnen, Bioputen zu halten. Er liefert heute nur mehr wenig an die Bauernkiste und beliefert nun direkt verschiedene Metzgereien. Doch in seinen Anfängen war die Bauernkiste wichtig. Dadurch wusste er, dass ein gewisser Absatz gesichert ist.

Ganz grundsätzlich gibt es viele innovative Bauern, z.B. im Segment der Schaf- oder Kräuterprodukte. Auch QuereinsteigerInnen sind innovativ, haben aber oftmals ein zu verklärtes Bild von der tagtäglichen harten Arbeit in der Landwirtschaft und verschwinden mitunter bald wieder vom Markt.

Sind die Bauern, die im Ausland waren oder vom Hof weggekommen sind, innovativer als jene, die dageblieben sind?

Fiegl: Ja, gerade „meine Bauern“ sind eher im Ausland gewesen und ich finde, dass man einen Unterschied spürt. Selbst reise ich auch gerne und nehme vielfach inspirierende Eindrücke mit. Viele Bauern informieren sich auf Exkursionen im In- und Ausland. Vor allem die Bäuerinnen sind hier sehr aktiv.

Was den Bereich der biologischen Landwirtschaft anbelangt, sollten sich die LandwirtInnen etwas mehr trauen. Ich fordere immer wieder

Verbesserungen im ökologischen Bereich ein. Unter den Bauern herrscht aber auch ein beträchtlicher Gruppenzwang. Wenn man da mal etwas anderes macht, ist man gleich ein Außenseiter.

Sie gelten auch als die „Erfinderin“ der sehr erfolgreichen "Tiroler Edlen“ Schokolade. Wie kam es zu dieser Idee?

Fiegl: Das ist auch ein Produkt, das durch die Bauernkiste entstand. In unserem Sortiment führten wir einen Edelbrand. Der Brenner hatte mir als Produkt für den Muttertag Edelbrandpralinen von einem Konditor aus Landeck vorgeschlagen. Gleichzeitig wollte ein führender Manager eines großen Tiroler Unternehmens bei der Firma Zotter Schokolade aus Grauviehmilch produzieren lassen. Da kam mir die Idee, dieses Produkt doch mit kleinen Qualitätsbetrieben als Tiroler Edelschokolade umzusetzen.

Der Erfolg gibt Ihnen Recht. Wie viel Schokolade wird heute produziert?

Fiegl: Wir sind sehr stolz auf das Erreichte. Mittlerweile sind es über 180.000 Tafeln Schokolade pro Jahr. Im Schnitt wachsen wir zwischen 5 und 20% pro Jahr. Das sind heutzutage Traumzahlen. Wir legen aber großen Wert darauf, dass die Qualität bestehen bleibt und wir hier keine Eingeständnisse machen müssen. Außerdem muss es Spaß machen, nicht nur Stress.

Wie haben Sie den Vertrieb organisiert?

Fiegl: Ich habe eine besondere Art das zu machen und fokussiere stark auf persönliche Kommunikation und Ansprache. So habe ich mir ein dichtes Netzwerk an Kontakten aufgebaut. Diese Menschen interessieren sich sehr für unsere Produkte und transportieren unsere „Stories“. Der Aufbau eines klassischen Vertriebssystems war daher nie notwendig. Wir hatten immer eine stabile Nachfrage und Mühe, mit der Produktion „mitzukommen“. Mit Handelsvertretern wollte ich zweimal eine Vertriebsschiene aufbauen, bin aber zweimal gescheitert. Wenn wir heute noch aktiver in der Produktion und im Vertrieb wären, hätte die Tiroler Edle sicherlich noch ein großes Wachstumspotenzial. Das ist aber nicht unsere Strategie, wir verfolgen rein die Qualitätsschiene.

So gibt es die Tiroler Edle bewusst nur in einigen Filialen des Tiroler Lebensmittelhändlers M-Preis, obwohl auch Spar und Rewe sie haben wollten. M-Preis steht im Lebensmittelhandel für Regionalität und baut architektonisch schöne Supermärkte. Wir stellen dort unsere eigenen Displays auf und wollen das sukzessiv ausweiten, ohne in eine zu große Abhängigkeit von M-Preis zu gelangen.

Wie wichtig ist für den Vertrieb Ihrer Produkte auch ein gewisses „Storytelling"?

Fiegl: Das Storytelling ist sehr wichtig. Es müssen greifbare, verständliche Bilder entstehen, wie zum Beispiel bei der Tiroler Edlen Schokolade über unseren Hauptpartner, das Grauvieh. Das Grauvieh ist für mich das perfekte Symbol für eine nachhaltige, alpine Landwirtschaft. Es lebt seit 3000 Jahren in unseren Bergen und ist perfekt adaptiert an die Gegebenheiten. Es ist robust, langlebig, leicht und „zertrampelt" keine Almböden. Es ist ein Kombinationsrind und liefert sowohl gutes Fleisch, als auch Milch. Beides in überschaubaren Mengen und von sehr hoher Qualität. Das hilft extrem in der Vermarktung. Warum sollen wir nicht Schokolade von der selben Qualität wie die Schweizer machen? Wir haben die selben Gegebenheiten. Das sagte ich von Anfang an. Und die Berge gehören für mich unverzichtbar zu unseren Produkten.

Welche Rolle spielen Werte in Ihrem Unternehmen?

Fiegl: Werte spielen eine sehr wichtige Rolle, weil wir diese auch stark kommunizieren und dabei glaubhaft bleiben müssen. Daher achte ich darauf, dass alle Netzwerkpartner unseren Qualitätsanforderungen, Standards und auch Werten entsprechen. Das ist für mich und alle Beteiligten eine der größten Herausforderungen. Ich betone das immer wieder, weil es extrem wichtig ist: wir müssen glaubhaft bleiben!

Zum Beispiel verwenden wir bei der Tiroler Edlen *fairtrade* Kakao aus Ghana. Das wollte ich von Anfang an. Es hat aber doch zwölf Jahre bis zur Umsetzung gedauert.

Für mich macht dieser Kakao aus Ghana auch meine persönliche Biografie stimmig, da ich ursprünglich Bodenkultur studierte, um in die Entwicklungshilfe zu gehen. Mit meiner Heirat nach Innsbruck, begann ich dann mit der regionalen Unterstützung der Bauern und jetzt kehre ich mit der

Schokolade und dem Ghana Projekt wieder zu den Wurzeln meiner Ausbildung zurück. Das finde ich extrem schön.

„Fairtrade“ Projekte stehen auch für Regionalität und Qualität. Wie sehen Sie die diesbezügliche Entwicklung bei uns?

Fiegl: Ich glaube dies gewinnt an Bedeutung. Wesentlich ist: die Geschichten und die Personen hinter den Produkten müssen greifbar sein. Ich betrachte meine Projekte nicht nur als Produzent - Kunden Beziehung. Es sollen alle Netzwerkpartner voneinander profitieren. Es ist eine „win–win“ Situation, in der jeder den anderen wertschätzt.

Aus meiner Sicht wäre das auch ein Modell für den Tourismus. Mich würde eine Gastro Bauernkiste reizen. Ich glaube, dass es bereits genügend Gastwirte gibt, die ein derartiges Angebot annehmen würden. Langfristig werden auch im Tourismus nur jene überleben und auch selbst ein besseres Leben führen, die respektvoll und wertschätzend arbeiten. Auch die Wertschätzung der Gäste für die Besonderheit des Kulturraums der Alpen könnte so gestärkt werden.

Ingo Metzler

Von Wachstum und Differenzierung in der Landwirtschaft

Durch einen Zufall kam Ingo Metzler zur Ziegenzucht. Während Gleichaltrige in die Disco gingen, tüftelte er mit einem Freund an Rezepturen für Cremen und Duschbäder. Sein Erfolg fußt weniger auf detailreichen Businessplänen, als vielmehr auf einem guten Gespür, Selbstbewusstsein und der Fähigkeit, in Netzwerken zu denken und zu arbeiten.

---

*Die Eltern von **Ingo Metzler** (Jahrgang 1965) entschieden sich Ende der 1970er Jahre für die Haltung von Ziegen und Kühen sowie die Produktion von Käse. 1996 übernahm er den Hof, den er mit seiner Frau Melitta führt. Gemeinsam haben sie 4 Söhne. Schon als Zwanzigjähriger tüftelte er zusammen mit einem befreundeten Drogisten daran, aus Molke Pflegeprodukte für die Haut herzustellen. Heute produziert die Familie Metzler in Egg im Bregenzerwald mit ihren 70 Ziegen und 16 Kühen nicht nur klassisch landwirtschaftliche Produkte, sondern Seifen, Duschshampoos und Körperpflegeprodukte aus Molke, welche auf der ganzen Welt vertrieben werden.*

Herr Metzler, Ihr Betrieb ist ein mit vielen Innovationspreisen prämiertes Unternehmen. Innovation verbindet man ja nicht sofort mit der Landwirtschaft. Wie kam es dazu?

Metzler: Meine Familie betreibt seit vielen Generationen eine Landwirtschaft. Der Betrieb wird von einer Generation an die nächste weitergegeben. Ich bin das älteste von fünf Kindern und so war es auch irgendwann einmal klar, dass ich möglicherweise den Betrieb übernehmen werde. Natürlich stellte auch ich mir die Frage, ob ich den Betrieb, in dieser Größe und mit dem damaligen Stand an Schulden, überhaupt weiterführen kann und soll.

Unser Betrieb hatte nicht in jeder Generation floriert. Es gibt Generationen, die etwas aufbauen und es gibt Generationen, die wieder abbauen. Als mein Vater von seinem Großvater den Betrieb übernahm, hatte dieser lediglich 7ha und 7 Kühe. Es war schnell klar, dass man damit keine Familie ernähren kann. So suchte mein Vater nach Alternativen zur Rinderhaltung. Damals gab es hohe Ferkelpreise und er entschloss sich, in die Schweinezucht einzusteigen. Er investierte viel, baute neue Stallungen und kaufte weitere Grundstücke dazu. Die Ferkelzucht war eine gute Alternative in der damaligen Zeit. Allerdings ist es in der Landwirtschaft auch so, wie in der übrigen Wirtschaft: Wenn es in einem Bereich gut geht, beginnen viele damit. Es kam zu einem Preisverfall und eine Alternative zur Ferkelzucht war notwendig.

Bei der Suche nach anderen wirtschaftlichen Möglichkeiten, spielte aber auch der Zufall eine wichtige Rolle. Zu meinem 10. Geburtstag erhielt ich von meinem Onkel eine Ziege geschenkt. Da sie, was wir zunächst nicht wussten, bereits trächtig war, hatte ich nach kurzer Zeit bereits zwei weitere weibliche Kitze. Das war der Start für unsere Ziegenzucht.

Meine Mutter stammt aus einer Käser-Familie. Sie verarbeitete zunächst in unserer Küche die Ziegenmilch zu Ziegenkäse. Doch in weiterer Folge gab es zwei große Herausforderungen. Zum einen wurde die Ziegenherde immer größer und zum anderen produzierten wir Käsemengen, die weit über den persönlichen Bedarf unserer Familie hinausgingen. Meine Eltern begannen, den Käse an einen örtlichen Lebensmittelhändler zu liefern und langsam von Schweine- auf Ziegenhaltung umzustellen. Die Nachfrage stieg und die Käseproduktion in der Küche war nicht mehr möglich. Aber auch eine von meinen Eltern im Keller ihres Hauses noch eher einfach eingerichtete Sennerei, wurde aufgrund der immer strengeren Vorschriften der Lebensmittelbehörde nicht mehr zugelassen. Als ich mich dann entschloss, den Betrieb zu übernehmen, war ich natürlich sehr gefordert, mir manches zu überlegen und natürlich wollte ich auch einiges anders machen. Zu dieser Zeit baute ich gerade mit meiner Frau unser eigenes Haus. Wir beschlossen, die noch nicht einmal ganz getrockneten Wände nochmals einzureißen und stattdessen eine für die damalige Zeit topmoderne Hofsennerei zu bauen. Wir investierten dafür sehr viel Geld und wir wussten, dass wir dementsprechend die Wertschöpfung in der Produktion steigern mussten.

Doch wenn man Milch zu Käse verarbeitet, erhält man ja leider nicht aus einem Liter Milch einen Kilo Käse. Etwas abhängig von der Käseart entstehen maximal 10% Käse. 90% bleiben übrig – die Molke. So kamen wir rasch auf die Idee, auch über die Molke unsere Wertschöpfung zu steigern.

Die positiven Wirkungen der inneren und äußeren Anwendung von Molke wurden schon im Altertum erkannt. Bereits Hippokrates nannte Molke „das heilende Wasser der Milch". Im 18. Jahrhundert gab es nachweislich 160 Molke Kurorte im mitteleuropäischen Raum. Milch hat 400 verschiedene Inhaltsstoffe. Ein Großteil dieser, wie etwa hochwertiges Eiweiß, Mineralstoffe, Vitamine, Spurenelemente und vieles mehr, sind in der Molke enthalten. Aufgrund dieser uralten Überlieferungen und der täglichen Verfügbarkeit des Rohstoffs Molke, überlegten wir uns, was wir damit machen könnten. Doch spielte an dieser Stelle kein Businessplan, sondern eine persönliche Beziehung eine wichtige Rolle.

Ein Freund von mir aus der Pflichtschulzeit, hatte eine Drogistenlehre absolviert. Während dieser Ausbildung hatte er sehr viel mit kosmetischer Produktion zu tun. Und während andere Schulfreunde in die Disco gingen, haben wir in unserem alten Keller versucht Kosmetikas zu produzieren. Irgendwann entstand dabei ein Badezusatz aus Molke, den wir innerhalb unserer Verwandtschaft verschenkten, weil wir der Meinung waren, dass da der Schaden nicht allzu groß wäre. Dann sagten uns aber einige: „Ja, Badezusatz ist gut und recht, aber wir haben gar keine Badewanne. Wir haben nur eine Dusche. Warum macht ihr nichts zum Duschen?" So hat sich bereits in unserer Anfangsphase laufend und schnell ein Sortiment „marktfähiger kosmetischer Produkte" entwickelt. Damit bewarben wir uns auch für den ersten Vorarlberger landwirtschaftlichen Innovationspreis. Wir gewannen diesen, und ein Jahr später auch den österreichischen Agrarmarketingpreis. So hat sich unser Betrieb kontinuierlich weiterentwickelt.

Das bedeutet, Sie haben heute mehrere Standbeine. Neben der Kosmetika- auch eine Käseproduktion?

Metzler: Am Beginn steht die Tierhaltung. Wir haben Kühe und Ziegen. Heute bewirtschaften wir knapp 30ha Grünland. Die Milch der Tiere wird täglich zu Frisch- und Weichkäse verarbeitet. Darauf haben wir uns in der Käseproduktion spezialisiert. Der Frischkäse, der heute produziert wird, ist am nächsten Tag ess- und verkaufsfertig. Beim Weichkäse produzieren wir Sorten, welche 2-3 Wochen lagern und reifen. Die bei dieser Produktion wiederum anfallende Molke, geht in die Bereiche für Kosmetik, für essbare Produkte und für Molkegetränke. Ein weiterer für uns wichtiger Bereich sind Tagesbesucher, welche sich für den Betrieb und die gesamte Produktion interessieren. 2013 haben wir erstmalig die 10.000 Besucher-Marke erreicht. Hier spielt natürlich nicht nur der Bereich „Bauernhof begreifen", sondern auch die Gastronomie eine wichtige Rolle. Wir haben mittlerweile eine Gastgewerbeberechtigung und organisieren zum Beispiel Käseverkostungen.

Aus Ihrer Erzählung gewinnt man den Eindruck, dass der Zufall wichtiger war, als ein strikter Plan. Vielleicht war der 10. Geburtstag der wichtigste im Leben des Ingo Metzler?

Metzler: Wenn man heutzutage studiert und in Richtung Bachelor und Master geht, dann lernt man, die Probleme alle vorher zu lösen und einige neue zu schaffen. Wir haben die Dinge immer so in Angriff genommen, wie sie sich ergeben haben und nie Probleme im Voraus gelöst. Immer dann, wenn sie konkret da waren. Das war in unserem Fall der richtige Weg. Natürlich aber auch mangels Alternativen. Wenn man als Ausbildung nur die Pflichtschule und einen Tanzkurs hat, dann kann man sich nicht mit hochwissenschaftlichen Marketing- und Businessplänen auseinandersetzen. Man muss dann die Dinge irgendwie aus dem Bauch heraus in Angriff nehmen. Mit all den Problemen, die eben damit verbunden sind.

Aber wie man sieht, ist Ihre Vorgangsweise vielleicht nicht die schlechteste.

Metzler: Sie ist eine Möglichkeit. Ob das gut oder schlecht ist, will ich gar nicht beurteilen. Aber eines ist mir an dieser Stelle noch wichtig: „Hätten wir vorher gefragt, hätten wir keine Chance gehabt!"

Sie sprechen hier die Finanzierung an?

Metzler: Nein, die Finanzierung ist nicht einmal das Problem. Geld schwirrt ja genug durch die Gegend. Man muss aber die Menschen mit einer guten Geschichte abholen. Als wir 1992 den landwirtschaftlichen Innovationspreis gewannen, hatte uns der damalige Vorarlberger Landeshauptmann Purtscher diesen Preis unter Anwesenheit einer Vielzahl von Medienvertretern verliehen. Einige Tage später war bei uns der Teufel los, weil sich die Gewerbebehörde eingeschaltet hatte. Diese vertrat den Standpunkt, dass unsere Produkte für landwirtschaftliche Betriebe „nicht typisch" sind. In der österreichischen Gewerbeordnung hat es geheißen: „Es ist so lange ein landwirtschaftliches Produkt und im Rahmen der Land- und Forstwirtschaft durchzuführen, so lange das Produkt für den Landwirt typisch ist und er es in der Regel auf den Markt bringt." Die Beamten waren nun der Meinung, dass ein Shampoo und eine Gesichtscreme für den Landwirt „nicht typisch" sind, und wir diese Produkte nicht im Rahmen eines land- und forstwirtschaftlichen Betriebes produzieren und vertreiben dürfen.

Jetzt war das natürlich ein hochpolitisches Thema, da der Landeshauptmann für etwas einen Preis verliehen hatte, ohne vorher zu prüfen, ob die gewerberechtlichen Voraussetzungen vorlagen. Womöglich deckte er durch seine Preisverleihung eine gesetzwidrige Handlung. Blöde Geschichte. Kosmetika zu produzieren, stellt in Österreich ein „gebundenes Gewerbe" dar. Ich hätte nie eine Chance gehabt, den dazu notwendigen Befähigungsnachweis zu erlangen. Das Gesetz sah aber auch die Möglichkeit vor, dass der Landeshauptmann, unter einer Reihe von Voraussetzungen, Nachsicht vom Befähigungsnachweis erteilen konnte. Und in Anbetracht unseres Falles und dieser Situation erteilte er uns in zwei Gewerben, eigentlich über Nacht, diese Nachsicht. So erhielten wir die Möglichkeit, das Gewerbe für Käseproduktion und kosmetische Produktion anzumelden und rechtlich auf eine entsprechende Basis zu stellen.

Das ist eine sehr spannende Geschichte. In der Managementschule würde man dazu auch lernen, dass es eine starke Vision und Mission, einen leitenden Gedanken braucht, um gegen Widerstände anzukämpfen und sich durchzusetzen. Gibt es für Sie so etwas?

Metzler: Ja, das schon. Das sind möglicherweise bereits Kindheitserfahrungen. Muttermilchgeschichten, die einen prägen und man daraus ganz konkrete Vorstellungen für etwas entwickelt und sich davon auch nicht mehr abbringen lassen will. Für mich sind das vor allem auch klare Bilder vor Augen, an denen man dann schon merkt, wie sich das anfühlt, wenn es einmal so weit ist. Ich stelle mir das sehr konkret und in allen Farbfacetten vor. Solche Dinge sind schon wichtig.

Neben diesen Prägungen aus Kindheit und Familie spielt auch der geografische Raum eine wichtige Rolle?

Metzler: Wir haben natürlich für unser Spektakel, das wir hier durchführen; für dieses Spiel, das wir da spielen, beste Voraussetzungen. Wir haben eine wunderschöne intakte Natur- und Kulturlandschaft, Menschen, Tiere, florierenden Tourismus. Es kommen unzählige Menschen hier her, um an diesem Ort ihre schönste Zeit des Jahres zu verbringen. In einem Industriegebiet oder einer Stadt wäre unsere Geschichte nicht möglich. Dort ist die Luft dazu natürlich viel dünner. Doch hier haben wir die besten Möglichkeiten, all die Dinge, die uns umgeben, auch entsprechend zu nutzen.

Natürlich unterstützt die Herkunft aus dem Bregenzerwald auch die Glaubwürdigkeit der Produkte. Spüren das die Konsumenten?

Metzler: Sie können heute jedes Regal anschauen. Ob das ein Käseregal ist, ein Kosmetikregal, ein Fleischregal, im Supermarkt oder Diskonter. Es ist alles voll, es quillt überall über. Um in diesem vollen Markt doch noch irgendwo einen Platz zu bekommen, im Regal oder beim Konsumenten, gibt es im Wesentlichen zwei Möglichkeiten. Die eine Möglichkeit ist, dass man billiger ist, wie jener, der schon einen Regalplatz hat. Wenn man billiger ist, schmeißt der Verkäufer den raus, der teurer ist. Der Verkäufer geht davon aus, dass der Konsument das billigere Produkt eher kauft. Diesen Kampf um den Preis, den werden wir nie gewinnen. Da haben wir überhaupt keine

Chance, weil wir hier ganz schlechte Voraussetzungen haben. Wir haben erschwerte Produktionsbedingungen, raues Klima, Handarbeit, kleine Einheiten mit immensem Fixkostenanteil. Da tun sich unsere Kollegen in Deutschland und Holland, mit ihren riesigen und flachen Feldern, wahrscheinlich leichter. Mit diesem Kampf müssen wir gar nicht anfangen. So bleibt uns nur noch die zweite Möglichkeit. Diese ist, ein Produkt mit Zusatzwerten, mit Emotionen, mit Geschichten, mit einem hohen Maß an Nachhaltigkeit, in Verbindung zu bringen. Hier haben wir natürlich die besten Voraussetzungen. Wenn dies gelingt, dann ist möglicherweise für den Konsumenten nicht mehr der Preis das alles entscheidende Kriterium. Nur wenn wir es schaffen, den Konsumenten mit einigen Werten zu konfrontieren, die ihm wichtig sind, rückt der Preis vielleicht ein bisschen weiter in den Hintergrund. Nur dann haben wir eine Daseinsberechtigung. Wenn nicht, eben keine.

Weil Sie gerade die Daseinsberechtigung ansprechen. Wie entwickeln sich die landwirtschaftlichen Betriebe generell in Ihrer Region?

Metzler: In den letzten 20 Jahren hat circa ein Viertel der Betriebe zugesperrt. Es wird aber nicht weniger Milch produziert. Jene Betriebe die aufhören, werden von denen, die entschlossen sind weiterzumachen, übernommen. Zum Teil wird aufgrund schlechter wirtschaftlicher Ergebnisse und Perspektiven zugesperrt, zum Teil aufgrund fehlender Nachfolger.

Ihr Betrieb zählt zu den wirtschaftlich florierenden. Was bedeutet das in Zahlen?

Metzler: Wir haben zwei Betriebe. Die Landwirtschaft als Urproduktion, sowie eine Vermarktungs- und Verarbeitungs-GmbH. Wir kaufen von uns selbst das Urprodukt Milch zur Verarbeitung und Vermarktung. Zusätzlich haben wir auch noch einen Gastronomieteil. Die GmbH macht ca. 3 Millionen Euro Umsatz. Circa 60% unserer Produkte verkaufen wir außerhalb Österreichs. Vor allem Deutschland ist für uns ein großer, naheliegender Markt.

Wie organisieren Sie den Vertrieb Ihrer Produkte?

Metzler: Die Firma Sutterlüty ist ein regionaler Lebensmittelhändler mit über 20 Filialen. Sie pflegt das Thema der Regionalität perfekt und ist darum für uns ein toller Partner. Wir brauchen uns gegenseitig. Die Firma Sutterlüty braucht uns, weil sie regionale Gesichter, Geschichten und Nähe zu den Produzenten braucht. Wir brauchen sie, weil sie unsere Geschichten aufarbeitet und transportiert. Zusätzlich vertreiben wir unsere Produkte auch über eine Hotelschiene in den Tourismus.

Im Bereich Kosmetik verzeichnen wir ein sehr starkes Wachstum. Hier haben wir auch sehr erfolgreiche Partnerschaften aufgebaut. Zum Beispiel mit der Firma Loidl in der Steiermark, einem Bio-Stutenmilch-Betrieb. Dieser Betrieb ist an uns mit der Idee herangetreten, eine Produktlinie für Kosmetika aus Stutenmilch zu entwickeln. Da diese Idee für uns sehr stimmig und passend zu unseren Tätigkeiten war, produzieren wir heute aus ihrer Stutenmilch eine über 20-teilige Kosmetikserie, welche Loidl in der steirischen Thermenregion vermarktet und vertreibt. Ein anderes Beispiel ist die Firma Oliveda in Spanien. Diese bewirtschaftet über 300.000 Olivenbäume. Auch dieses Unternehmen schickt uns seine Grundstoffe und wir produzieren daraus eine Kosmetikserie. Diese wird in Spanien, in Spas, über TV-Shopping und verschiedene andere Kanäle, vermarktet und vertrieben.

Sie haben also die Voraussetzungen, dass Sie Oliven genauso verarbeiten können wie Stutenmilch?

Metzler: Ja klar. Wir bekommen die Rohstoffe und verarbeiten sie. Das Grundprinzip ist gleich. Wir setzen dieselbe Technik ein. Schwieriger ist für uns der Bereich der Lagerung der Produkte. Auch für *Susanne Kaufmann* haben wir eigene Produkte entwickelt. Sie hat im führenden Wellnesshotel im Bregenzerwald, dem Hotel Post in Bezau, eine eigene Kosmetiklinie entwickelt. Mit dieser hat sie auch schon internationale Preise gewonnen. Wir haben den Part der Produktion, während sich Susanne und ihr Team um die grafische Gestaltung, die Vermarktung und alle anderen Dinge kümmert. Susanne Kaufmann ist mit ihrer Produktserie auch global unterwegs, im asiatischen Raum und in Amerika.

Waren Sie selbst auch international unterwegs und haben Erfahrungen mitgebracht?

Metzler: Nein, ich bin nur selten über Bregenz hinausgekommen *(lacht)*. Aber natürlich haben wir uns schon auch verschiedene Referenzen angeschaut, als es etwa darum ging, Tierhaltung erlebbar zu machen.

Die Bregenzerwälder sind als sehr bodenständige und wertverbundene Menschen bekannt. Welche Werte sind Ihnen wichtig und haben Ihr Handeln besonders geprägt?

Metzler: Mir ist das Denken in Kreisläufen besonders wichtig. Ich versuche auch unsere Produktionsprozesse ganzheitlich zu betrachten und in allen Stationen optimal zu gestalten. Zum Beispiel versuchen wir vehement unseren Beitrag zum Thema Energie zu leisten. Es kann sein, dass das Produkt völlig in Ordnung ist, die Energiefrage aber nur suboptimal gelöst wurde. Dann versuchen wir auch das zu optimieren, mit Effektivität, mit erneuerbaren Energien und Ähnlichem. Einer, der nicht erfolgreich ist, fällt auf die Schnauze und steht nicht auf. Ich meine, dass jemand der erfolgreich ist, genauso oft auf die Schnauze fällt, er steht halt nur einmal mehr auf. Diese Beharrlichkeit, das „immer wieder Aufstehen", das ist sicher eine Tugend, die man in dem politischen und behördlichen Umfeld, in dem wir uns bewegen, braucht.

Sehen Sie Unterschiede zwischen UnternehmerInnen im Bregenzerwald und in den Ballungszentren?

Metzler: Möglicherweise haben wir uns im Bregenzerwald ein bisschen mehr Hausverstand bewahrt. Unternehmer in den Ballungszentren mögen methodischer und vielleicht auch erfolgreicher arbeiten, aber wir legen vielleicht mehr Hausverstand an den Tag. Weil wir näher an der Natur sind und hier nicht alles zubetoniert ist. Wir sind näher an diesen ursprünglichen Dingen, da bei uns noch sehr viel Handwerk existiert. Hier können die Menschen noch wirklich mit den Händen etwas tun und erschaffen. Das geht in den Stadt- und Ballungszentren oft verloren. Im Gesamtbild ist bei uns einfach ein bisschen mehr Bodenhaftung und mehr Hausverstand. Wir gehen die Dinge weniger kompliziert an.

Auf einem Plakat in Ihrem Büro ist zu lesen, dass Vorarlberger Unternehmer mehr sehen. Sehen Sie wirklich mehr?

Metzler: Wir, die aus der Landwirtschaft kommen, sind vielleicht ein bisschen sensibler als andere. Als Landwirte werden wir von der Natur und den vier Jahreszeiten geleitet. Wir müssen uns mit den Tieren und der Vorratsbeschaffung nach dem Wetter richten. Man ist mitunter gefordert, hellhöriger zu sein, wenn sich die Wolken zusammenziehen. Ich weiß nicht, ob das nur für die Wolken am Himmel gilt oder auch für jene im Umfeld von Mitbewerbern.

Agieren Sie anders am Markt? Weniger aggressiv?

Metzler: Wenn Sie hier bei mir im Büro zum Fenster rausschauen, sehen Sie ein deutlich entschleunigteres Geschehen, als in den Ballungszentren. Unser ländliches Umfeld trägt möglicherweise schon zu mehr Gelassenheit bei, weil man nicht so stark von diesen äußeren Einflüssen getrieben wird. Gesamthaft betrachtet, hat das sicher einen Einfluss.

Nehmen Ihrer Ansicht nach in der Zukunft die Beschleunigung und der Druck zu?

Metzler: Vielleicht haben wir noch eine gewisse Zeit der Beschleunigung, aber es wird mit Sicherheit wieder die Zeit kommen, in der die Landwirtschaft und damit verbunden Tiere und Pflanzen, an Bedeutung gewinnen. Bei weltweit steigenden Bevölkerungszahlen und dem Ziel, alle Menschen zu ernähren, werden Lebensmittel in ihrer ursprünglichen Bedeutung an Wert gewinnen.

Ihr unternehmerischer Erfolg gründet maßgeblich auf starke Beziehungen und Partnerschaften. Welche Bedeutung haben für Sie Netzwerke?

Metzler: Manche sagen, Beziehung sei das halbe Leben. Ich glaube, dass es viel mehr ist, als das halbe Leben. Es ist ein sehr entscheidender Faktor. Man muss nicht alles selber können, aber man muss zumindest jemanden kennen, der jemanden kennt, der das kann. Diese Netzwerke, diese gemeinsamen Geschichten, sind sehr entscheidend für den Erfolg. Sie helfen auch uns in diesen kleinen Strukturen. Wir sind abgelegen, wir haben eine erschwerte Anfahrt, und und und. Da helfen einem Netzwerke weiter. Zum Beispiel die *KäseStraße Bregenzerwald* verbindet uns Landwirte mit den Gastronomen. Der *Werkraum Bregenzerwald* ist eine Gemeinschaft, in welcher sich Handwerker zusammenschließen. Geschichten, Besonderheiten, die einen prägen, werden in diesen Netzwerken gemeinsam transportiert. Das hat eine enorme Außenwirkung, von der alle Beteiligten in der Talschaft profitieren. Das ist für mich auch eine Besonderheit hier. Es gibt im Bregenzerwald sehr wohl Einzelkämpfer, aber wenn es darauf ankommt, dann stehen alle zusammen und treten gemeinschaftlich auf.

Wenn Sie abschließend Ihre weitere Entwicklung einschätzen. Wo sehen Sie Ihren Betrieb in Zukunft?

Metzler: 2001 gingen wir mit vollem Risiko an unsere finanziellen Grenzen. Mir war klar, wenn wir das schaffen, müssen wir zufrieden sein. 2011 haben wir wieder sehr viel investiert und ich war der Meinung, dass das für uns sicher die letzten Investitionen waren. Jetzt haben wir wieder ein großes Problem, nämlich das Wachstum. Wir haben uns diese Bühne geschaffen, wir haben Emotionen und Ähnliches freigesetzt. In diesem Bereich ist die Nachfrage in den letzten Jahren derart gestiegen, dass wir ein Problem haben, diesem Wachstum gerecht zu werden. Jetzt stellt sich uns die Frage, wie wir unser Wachstum eingrenzen. Eigentlich könnten wir mit dem Erreichten zufrieden sein, auch mit den Kennzahlen. Neukunden könnten wir ablehnen, das wäre kein großes Problem. Wie aber gehe ich mit unseren Partnern um, die mit uns in den letzten 10 Jahren gewachsen sind? Wenn wir Ihnen nicht mehr liefern können, werden sie sich um neue Partner bemühen und wir sind völlig aus dem Geschäft draußen. Das war es dann. Darum werden wir wohl auch jetzt wieder investieren, um dem Wachstum gerecht zu werden. Wir werden den Betrieb noch einmal ordentlich erweitern. Den dafür notwendigen Prozess mit den Behörden haben wir bereits aufgenommen. Das sind langwierige und schwierige Verhandlungen, die wir dazu in Angriff nehmen müssen.

Ein wichtiger Faktor in der zukünftigen Entwicklung ist für mich natürlich die nächste Generation. Die steht in den Startlöchern. Zwei Söhne sind schon im Betrieb und sind entschlossen diesen weiter zu führen. Zusätzlich fühlen wir uns natürlich auch für unsere ca. 25 MitarbeiterInnen und die Zulieferer verantwortlich. Zum Beispiel haben wir einen Partner, der auf Grund unserer Kooperation seinen Betrieb völlig auf Ziegenmilch umgestellt hat. Er hat auch neue Stallungen für die Ziegen gebaut. Ein junger, gut ausgebildeter und verlässlicher Typ. Am Stammtisch erzählt er dann anderen Landwirten von seinem Erfolg und einige beginnen nachzudenken. Dann kommen die nächsten und wollen uns beliefern. Weiter wachsen? Der Markt ließe es zu. Wir hatten in den letzten drei Jahren über 20% jährliches Wachstum. Wir begeben uns aber in eine Zwickmühle, ähnlich einem wachsenden Organismus. Wenn man diesem das Wasser abgräbt, stirbt er. Man kann ihn aber gut pflegen und weiter wachsen lassen. Er wird gut gedeihen, aber wohl nicht in den Himmel wachsen.

Martha und Daniel Gantenbein

Mit „extremer Qualität" zum Durchbruch

Wie ist es möglich, dass an einem Ort, der nicht unbedingt für Spitzenweine bekannt war, ein Unternehmen entsteht, das trotz knapper Bodenressourcen und hoher Lohnkosten Produkte hervorbringt, welche schon ein Jahr im Voraus verkauft sind? Das Ehepaar Gantenbein verpflichtet sich zu höchster Qualität und bewahrt dabei Familiensinn und Bodenständigkeit.

Die international renommierten Winzer ***Martha und Daniel Gantenbein*** *keltern seit 1982 ihren eigenen Wein in Fläsch im Kanton Graubünden. Auf einer Fläche von lediglich 6 Hektar werden Premium Weine der Sorten Pinot Noir, Chardonnay und Riesling produziert. Die Herstellung geschieht nach dem Terroir Prinzip, eines nachhaltigen, auf die lokalen Standortbedingungen und Möglichkeiten hin orientierten Wirtschaftsprinzips. Dabei darf die Traube auf dem Weg von der Rebe in die Flasche nichts verlieren. Um dies zu gewährleisten, fließt Traubengut und Saft einzig entlang der Schwerkraft. Es wird weder gepumpt noch filtriert. Im Jahre 2008 erhielt das Ehepaar den renommierten WINE AWARD „Winzer des Jahres".*

Herr und Frau Gantenbein, nehmen Sie die Alpen als einen geschlossenen Raum wahr und würden Sie sich als alpine Menschen bezeichnen?

Martha und Daniel Gantenbein: Wir sind natürlich sehr gebunden an die geographische Lage von Graubünden und an das Rheintal. Die globale Erwärmung in den letzten zehn bis fünfzehn Jahren ist uns für unseren Weinbau sehr gelegen gekommen. Das war ein Vorteil für unser Geschäft. Es kann aber natürlich auch sehr schnell ins Gegenteil kippen. In dieser Zeit ist es uns gelungen, sehr beachtliche Weine zu produzieren. Wir haben heute die besten Bedingungen, ohne dass wir viel dazu beigetragen haben. Wir ziehen Vorteile aus dem Klimawandel. Während zum Beispiel Skigebiete Nachteile erfahren, da diese bis in die höchsten Lagen beschneien müssen.

Man muss das Thema der globalen Erwärmung und der Umweltverschmutzung aber insgesamt rasch angehen – obwohl es für uns im Moment sehr gut ist.

Was für uns allerdings auch vermehrt spürbar wird, sind die Wetterextreme. Diese nehmen zu, das spüren wir in den letzten Jahren verstärkt. Fakt ist, dass wir für unseren Weinbau an diesem Standort derzeit die besten Grundvoraussetzungen für die Produktion von qualitativ hochwertigem Wein haben. Billigen Wein kann man überall besser machen als in der Schweiz. Wir können in der Produktion auf der Lohnkostenseite nicht mit den anderen deutschsprachigen Alpenländern mithalten. Im Burgenland zum Beispiel greifen Sie auf ungarische Arbeitskräfte zurück und bezahlen viel weniger Lohn als wir. In der Schweiz müssen wir uns natürlich an die kantonalen Mindestlöhne halten, was aber auch gut ist. Wenn es uns als Unternehmer gut geht, dann soll es auch unseren Mitarbeitern gut gehen. Insofern stellt sich die Frage Alpenraum ja oder nein für uns nicht, da wir ja mit den Rebstöcken an unseren derzeit optimalen Standort gebunden sind. Die Reben binden uns an den Ort.

Haben Sie eine spezifische Strategie entwickelt, um gegen den wirtschaftlichen Nachteil im benachbarten Ausland anzukommen?

Martha und Daniel Gantenbein: Wir gehen einfach extrem in Richtung Qualität. Es ist unser eigenes Interesse, etwas sehr, sehr Gutes zu machen. Wir erzeugen im eigenen Interesse lieber weniger Wein, aber dafür in besserer Qualität. Das Land war einfach da, das haben wir beide aus unseren

Familien eingebracht. Wir haben nie Trauben zugekauft, weil die Qualität bei eigenen Trauben einfach höher ist. Wir haben unsere Absatzmöglichkeiten auch bewusst beschränkt. Wir wollen nicht wachsen, wir wollen am Produkt arbeiten und im Betrieb bleiben. Es war eine bewusste Entscheidung, im Betrieb als Ganzes tätig zu sein und nicht irgendwann nur mehr im Vertrieb zu arbeiten. Das ist auch eine Frage der Größe. Ein Freund von uns, aus dem Gebiet der Mosel, bereist das ganze Jahr die Welt, um seinen Wein zu vermarkten und zu vertreiben. Er ist kaum mehr vor Ort in seinem Betrieb. Natürlich ist er viel größer und hat einen Winzermeister und Kellermeister. Diese Größe haben und wollen wir nicht. Je kleiner wir bleiben, desto mehr Identifikation zum Produkt entsteht und dies spürt der Kunde. Dann bleibt man authentisch.

Bringt diese Beschränkung dann auch eine Form von Freiheit?

Martha und Daniel Gantenbein: Ja, eine sehr große sogar. Wir bekommen auch sehr viele Einladungen aus der ganzen Welt, aber wir spielen nicht überall mit. Natürlich müssen auch wir schauen, dass wir im Gespräch bleiben, aber zu unseren Bedingungen. Wir brauchen keine Marketingagenturen in Zürich oder Wien. Wir erzählen lieber selbst, was wir machen. Das ist dann wirklich ehrlich und kommt authentisch rüber.

So schaffen wir durch unsere kleine Produktpalette eine große Authentizität. Dadurch ist es uns möglich, mit einem relativ geringen Aufwand, unsere Produkte international zu vertreiben. Man braucht einfach eine gewisse Vorstellung und Ideen. Wir hatten immer die Idee, weniger Flaschen wertvoller zu machen. Das war für uns der einzig gangbare Weg. Man muss das natürlich aufbauen und auch durchziehen. Man überlegt sich etwas und schaut dann wie es wird. In unserem Gewerbe ist auch eine gewisse Ruhe sehr wichtig. Man muss immer in 10 Jahresschritten und nicht kurzfristig denken. Wir hatten in den letzten zehn Jahren zwei schwere Ausfälle, aber insgesamt muss es eben stimmen.

Kommt Ihre Prägung ausschließlich von der Familie oder vielleicht auch vom alpinen Raum?

Martha und Daniel Gantenbein: Es hat mit unseren Persönlichkeiten zu tun. Wir wollten etwas gestalten, etwas tun und dabei nicht zu viele Einschränkungen haben. Dazu muss man auch offen sein. Wir haben auch viele erfolgreiche und für uns wichtige Menschen getroffen und uns ein sehr gutes Netzwerk aufgebaut. Dabei haben wir auch gleichgesinnte Vertriebspartner gefunden. Man sucht sich ja auch Menschen mit denselben Werten und demselben Verständnis aus.

Zur guten Entwicklung hat auch die große Vielfalt der Winzer in Graubünden seit Beginn der 90er Jahre beigetragen. Davor war das nicht so. Wir haben unseren Preis immer schon verteidigt und hoch gehalten, auch vor den 90er Jahren. Das hat die anderen Winzer sicher provoziert, aber andererseits haben wir vielleicht auch einen gewissen Teil zu deren Entwicklung beigetragen. Heute sind alle Weinbauern in der Region professioneller geworden. Wir haben einige sehr gute Winzer hier. Nicht alle machen dasselbe, sondern jeder schnürt sein eigenes Paket und macht sein eigenes Ding. Dies trägt zur Qualitätssteigerung des Weines in der gesamten Region bei. Allgemein ist es einfach wichtig, dass jeder weiß was er neu machen will und es dann vor allem auch gerne macht.

Was haben Sie in Ihrem Betrieb neu gemacht?

Martha und Daniel Gantenbein: Wir hatten die ersten baulichen Schritte der Betriebsentwicklung selbst in die Hand genommen. Nach unseren finanziellen Möglichkeiten. Beim zweiten Bauteil haben wir den Architekten gesagt, welche baulichen Maßnahmen wie zu tätigen sind. Dazu hatten wir uns viel international an- und auch abgeschaut. Jedoch in der Produktion, da sind wir andere, neue Wege gegangen. Wir machen nur Premium Wein. Im Gegensatz zu unseren Kollegen, die 3 oder 4 Weinstufen machen, produzieren wir nur zwei Sorten Weißwein und eine Sorte Rotwein. Nur so können wir voll und ganz zu unserem Produkt stehen.

Hätten Sie sich ohne diese begrenzten räumlichen Möglichkeiten auch so extrem spezialisiert oder wären Sie vielleicht mehr gewachsen?

Martha und Daniel Gantenbein: Ja, wahrscheinlich schon. Die Gefahr wäre groß gewesen. Wir glauben, es hat sehr viel mit dem Alter und einer gewissen Reife zu tun. In jungen Jahren hätten wir wahrscheinlich expandiert. Sicher sogar. Da wären wir gewachsen, wie die meisten unserer Kollegen, die mit 5ha begonnen haben und heute 30-50ha besitzen. Wir konnten nur von 4 auf 6ha wachsen. Viele meinen heute, sie hätten es auch gerne so wie wir, überschaubar und klein. Vielleicht sind wir auch in unsere

Rolle gedrängt worden. Heute können wir unsere Weinflaschen zuteilen und aussuchen wer eine bekommt. Das könnten wir bei der doppelten Menge auch noch tun. Aber mit mehr Wein wäre es dann schwierig, sich im Premiumsegment zu halten. Man ist dann auf zu viele Leute angewiesen, die einem helfen. Wir sind zu dritt. Wir zwei und noch ein bis zwei Rebfrauen. Wir überschauen jeden Rebstock. 10-12ha gingen vielleicht gerade noch, aber mehr ist für uns der falsche Weg. Wir wollen in Ruhe arbeiten und auch einmal die Muße genießen. Wir hätten schon die Chance gehabt mit einem guten Freund in Neuseeland oder Oregon etwas zu entwickeln. Aber das wollten wir nicht. Das ist für uns zu weit weg. Wir haben auch ein Ferienhaus mit Rebstöcken im Piemont, aber um diese kümmert sich ein Winzer. Das interessiert uns nicht. Wenn wir da unten sind, wollen wir auch einmal unsere Ruhe haben.

Sie sagten, wichtig war der erste Schritt ins Ausland. War das wichtig für den Vertrieb?

Martha und Daniel Gantenbein: Der Vertrieb ist erst später gekommen. Wir gingen zuerst nur zu Informationszwecken ins Ausland. Exportgeschichten ergaben sich erst später durch Kollegen. Es geht uns nicht darum, viel zu expandieren, sondern die Flaschen müssen auch gut platziert sein und man muss wissen, woher man das Geld bekommt. Wir sind im Winterhalbjahr immer sehr viel herumgereist. Das tun wir auch heute noch. Wenn uns eine gute Flasche Wein zweimal begegnet, schauen wir woher der Wein kommt und wie die Winzer dort arbeiten. Wir trinken ja auch privat gerne gute Weine. Das ist unsere „geistige Arbeit“. Es macht uns Freude, aber eigentlich ist es ein Beobachten des Marktes. Man muss wissen, was in der Welt los ist. Das ist ein laufender Prozess.

Es ist vielleicht schon ein Vorteil, dass wir hier in diesem Kanton aufgewachsen sind und nicht in einem kleinen Dorf im Berner Oberland. Dort wären wir vielleicht weniger offen aufgewachsen. Hier ist die Lage perfekt. Wir sind begünstigt. In einer Stunde ist man in Zürich und St. Gallen. Und es ist auch kein enges Tal. Hier waren die Menschen immer schon relativ offen. Allerdings haben wir uns auch nach außen orientieren müssen. Damals, als wir angefangen haben, war es schon schwierig, hier mit den Kollegen vor Ort etwas gemeinsam aufzuziehen. Der Wein wurde eigentlich automatisch an die Kellereien geliefert und es ging nur um den Preis. Wir sind in eine Art von Zwischengeneration hineingeraten. Für die damals alte Generation von Winzern fühlten wir uns zu jung, da sie uns eingeengt hätten. Die junge Generation gab es noch nicht am Markt. Heute sind viele erfolgreich und auch die jungen Menschen sind gut ausgebildet. Das ist spannend.

Hat Ihnen vielleicht nicht nur das veränderte Klima, sondern auch das gesteigerte Qualitätsbewusstsein der Konsumenten geholfen?

Martha und Daniel Gantenbein: Ja, sicherlich. Heute ist es auch so, dass der Durchschnittswein bei uns, im Vergleich zu anderen Regionen, auf einem hohen Niveau und Preis ist. Bei uns beginnt ein normaler Wein bei 17-18 Franken und das ist zum Beispiel in Deutschland für den Durchschnittsbürger viel zu hoch. Da hat ein Umdenken stattgefunden. Die Weine sind einfach viel besser geworden. Es gibt so gut wie keine Ausschweifungen nach unten mehr und das hat auch uns geholfen. Im Burgund zum Beispiel gibt es in der Qualität sehr große Schwankungen. Da gibt es Spitzenweine, aber auch „Sautropfen". Bei uns nicht. Die gute Ausbildung ist dafür mit ein Grund. Heute gehen viele Junge ins Ausland studieren. Das bringt auch das Gebiet weiter. Die meisten kommen schon wieder zurück, weil im Hintergrund der elterliche Betrieb wartet. Momentan gehen viele nach Neuseeland. Besser wäre das Burgund, weil dort der Wein noch besser ist, aber da ist die Sprache oft weniger attraktiv. Wir finden es schon wichtig ins Ausland zu gehen. Das haben wir ja auch gemacht. Wir haben sehr viele Betriebe besichtigt. Es geht nicht darum den besten Betrieb zu finden. Den gibt es nicht. Aber jeder macht etwas anderes, weltweit, und jedes Mal gewinnt man Abstand vom eigenen Betrieb und kommt mit neuen Impulsen nach Hause und realisiert wieder etwas. Oft simple Sachen. Obwohl wir hier bei uns in dieser kleinen Zone höhere Produktionskosten haben und wirklich ein kleines Weinanbaugebiet sind – zum Beispiel hat Gols im Burgenland mehr Weinanbaugebiet als ganz Graubünden – schätzen wir die Umgebung und die Bedingungen in der Heimat sehr. So haben zum Beispiel die Kollegen in Frankreich und Deutschland schon von der Politik und den Abgaben her andere Vorgaben. Das ist bei uns einfach noch besser. Es ist nicht an vielen Orten möglich, so gut zu arbeiten, wie bei uns. Wären wir in Deutschland, müssten wir nur auf Grund der Bürokratie eine Halbtageskraft im Büro haben, um die ganzen Regulationen zu erfüllen. Da sich die Schweiz immer mehr der EU angleicht, wird es zwar bei uns auch tendenziell schlechter, aber insgesamt haben wir im Moment noch große

Vorteile. Wir können auch gute Preise für eine gute Qualität realisieren. Einmal eine Flasche Wein um 95 Euro im *Meindl am Graben* in Wien zu verkaufen ist nicht schwierig. Aber dass der Kunde im nächsten Jahr wieder kauft, das ist für uns eine Herausforderung. Das geht nur über eine hohe Qualität. Wir machen ja nicht das Gleiche aber etwas Ähnliches wie unsere Freunde im Burgund und da sind wir natürlich vom Preis-Leistungsverhältnis richtig gut aufgestellt.

Wie wichtig ist es für Sie, dass das Produkt aus Graubünden oder der Schweiz kommt?

Martha und Daniel Gantenbein: Eigentlich haben wir *Gantenbein* als *brand* aufgezogen. *Gantenbein* steht groß auf dem Etikett. Jene, die sich mehr informieren, wissen schon, dass der Wein aus Graubünden und Fläsch kommt. Aber sehr entscheidend ist, wer den Wein macht und welcher Name dahinter steht. Das ist im Burgund genau gleich. Sie können dort sehr guten Wein trinken, aber richtig interessant sind dann nur vier bis fünf Produzenten.

Lassen sich unterschiedliche Wertvorstellungen erkennen, wenn Sie sich mit Ihren Kollegen außerhalb der Alpen vergleichen?

Martha und Daniel Gantenbein: Unsere Freunde haben natürlich die gleichen, einfachen Werte. Man sucht sich ja die gleichen Menschen aus. Uns allen ist wichtig, gut zu essen, gut zu trinken und schöne Stunden mit der Familie und Freunden zu verbringen. Man sucht sich die Freunde, bei denen man sich wohl fühlt. Dies ist nicht von der Region abhängig. Was hier in der Schweiz und auch in Vorarlberg schon anders ist, das ist vielleicht der Fleiß. Wir sind so aufgewachsen, dass alles funktioniert, dass man pünktlich ist. Wir könnten uns überhaupt nicht mehr vorstellen, im Piemont zu leben. Früher war das eine Option, als wir noch jung waren, aber heute nicht mehr. Da müssten wir uns immer arrangieren und Kompromisse eingehen. Das möchten wir nicht. Wir sind einfach anders aufgewachsen.

Für welche Werte stehen Sie?

Martha und Daniel Gantenbein: Unsere Kernkompetenz ist die Qualität. Unser Anspruch ist es, unseren Wein in der gehobenen Gastronomie zu vertreiben. Wir wollen keine Massen verkaufen. Das interessiert uns nicht. Wir haben gute Partner im höheren Segment und gehen auch nur Partnerschaften und Projekte ein, die für beide stimmen. Hier bei uns, in unserem Schauraum, haben wir auch nur wenige Veranstaltungen. Wir arbeiten nur mit den besten Köchen und Freunden zusammen, die ihr Herzblut ebenso wie wir in das Produkt legen und uns auch freie Hand lassen. Sonst machen wir lieber nichts. Das ist uns letztlich wichtiger, als der finanzielle Aspekt.

War Geld von Anfang an kein Problem? Ging es immer nur um die Qualität?

Martha und Daniel Gantenbein: Natürlich war das Überleben wichtig, aber ein hohes qualitatives Produkt, im Rahmen der Möglichkeiten, war uns einfach immer schon wichtiger. Wir haben ja in zwei Schritten gebaut und erweitert. Wenn es finanziell nicht ging, mussten wir einfach warten. Beispielsweise auf den Ankauf eines Traktors. Wir haben auch lange ohne Angestellte gearbeitet. Das Geld dafür war nicht da. Uns war es aber wichtiger, unsere Verpflichtungen überschaubar zu halten. Man behält dadurch seine Freiheit. Sonst muss man mehr produzieren und dann leidet unwillkürlich die Qualität. Verschuldung macht alles schwieriger.

Aber was für uns eine der größten Qualitäten des Lebens im Alpenraum ist, betrifft das Thema Familie und Kinder. Im ländlichen Raum ist das Aufwachsen der Kinder schöner. Wir waren immer da, wenn die Kinder von der Schule gekommen sind. Das war bei uns so und das wollten wir auch für unsere Kinder. Das ist für uns auch eine sehr hohe Qualität. Das ist einfach schön.

Alpine Standortbestimmungen

Abendstimmung im Inntal

Katharina Schneider

Über Tradition und „alpines Lebensgefühl“

Die Alpen sind für Katharina Schneider eng mit den Begriffen Heimat, Ursprünglichkeit und Authentizität verknüpft. Sie persönlich steht für die Weiterentwicklung eines traditionellen Familienunternehmens, das imperiale Traditionen mit der Moderne zu verknüpfen weiß. Ihre vielen Reisen ließen sie dabei ihre eigenen Wurzeln entdecken.

Katharina Schneider *ist studierte Betriebswirtin und führt, nach mehreren Auslandsaufenthalten und Berufserfahrungen in der Kosmetikbranche, seit 2011, in der dritten Generation, die 1992 von Vater Alfons Schneider gegründete Kleidermanufaktur Habsburg. Die Zwillingsmutter ist begeisterte Weltenbummlerin, Jägerin und liebt die Natur. Ganz nebenbei zeigt sie ihre Zuneigung zu Österreich als Autorin des Buches „1001 Gründe Österreich zu lieben“.*

Frau Schneider, Sie haben sehr viele Berufsstationen in aller Welt gehabt und sind sehr viel gereist. Wie kam es dazu?

Schneider: Meine Eltern haben mich von klein auf schon viel auf Reisen mitgenommen. Ich weise sie auch stets darauf hin, dass sie dieses Reisefieber-Gen in mir eingepflanzt haben, wenn sie sich bei mir beschweren, dass ich zu viel weg sei. Schon während meines Studiums war ich eigentlich die meiste Zeit weg. Ich habe jede Chance genützt, um „auszubüchsen". Ich habe Kurzstudienprogramme in Kanada und Thailand besucht, war ein Auslandssemester lang in Buenos Aires, habe Praktika in Chile sowie Brasilien gemacht und in Ecuador mit behinderten Kindern gearbeitet. Darüber hinaus bin ich eine begeisterte Bergsteigerin und war im Himalaya und in den Anden unterwegs. In Moskau baute ich den russischen Vertrieb für unsere Marke Habsburg auf. Ich habe bei allen diesen Auslandsaufenthalten versucht, mich nicht als Tourist treiben zu lassen, sondern mich in die Studentenwelt oder das Arbeitssystem einzugliedern und so in die Lebenswirklichkeit eines Landes einzutauchen.

Solch einen Perspektivenwechsel halte ich für extrem wichtig, da man selbst natürlich in einem gewissen Denken und einem Kulturkreis verhaftet ist und Vergleichsmöglichkeiten fehlen, wenn man die bestehende Welt samt Komfortzone nicht verlässt.

Haben Sie diese neuen Eindrücke mit nach Salzburg gebracht und in Ihr Unternehmen integriert?

Schneider: Ich habe vor meinen Reisen Österreich immer sehr kritisiert. Ich wusste es vielleicht nicht zu schätzen. Aber über meine Reisen ins Ausland habe ich meine Heimat lieben gelernt und sozusagen über die Ferne erst richtig zurück zu meinen Wurzeln gefunden. Das war ein sehr spannender Prozess, der mir sonst so nicht gelungen wäre. Erst wenn man sieht, wie andere Gesellschaften aufgebaut sind und andere politische Systeme funktionieren, oder eben nicht funktionieren, schätzt man, was bei uns selbstverständlich ist. Unsere politische und soziale Sicherheit, dass man sich als Frau um 4 Uhr früh in Österreich überall alleine bewegen kann und einem nichts passiert usw. Ich war in sehr vielen Entwicklungsländern unterwegs. Beispielsweise in Bolivien, Peru, Panama und der Mongolei. Wenn man die dortigen Sozialsysteme kennt, lernt man erst Sicherheit zu Hause zu schätzen. In der Bedürfnispyramide von Maslow ist die Sicherheit ganz unten angesiedelt. Sie ist somit das wichtigste Bedürfnis des Menschen. Über unsere Situation können wir daher wohl sehr froh sein. Und dazu kommt natürlich noch unsere Lebensqualität hier. Also, dass man Trinkwasser aus einem Hahn trinken kann, dass alles sauber ist, dass wir frei wählen können, auch als Frau. Das ist ja alles nicht so selbstverständlich, denken sie z.B. an Saudi-Arabien oder Nordkorea. Reisen öffnet einfach die Perspektive, das Zuhause anders zu beleuchten und auch dankbarer zu sein.

Wie nehmen Sie in diesem Bezug die Alpen wahr? Gibt es für Sie auch regionale Unterschiede oder bilden diese eine Einheit?

Schneider: Die Unterschiede nehme ich eigentlich gar nicht wahr. Im Gegenteil. Wenn man ganz bewusst die Alpen betrachtet, erkennt man, dass schon seit vielen Millionen Jahren die Alpen eine verbindende Klammer über die Länder Europas darstellen. Das halte ich für ein schönes Bild. Es sind ja acht Staaten, welche Anteile an den Alpen haben. Doch finde ich, dass es unsere einzige Chance ist, nicht als Nationalstaaten, sondern nur mehr gemeinsam als Kontinent zu überleben. Wir sollten daher die EU alle ein bisschen ernster nehmen. Und jeder Einzelne kann dazu beitragen, ein WIR-Gefühl zu etablieren.

Daneben verbinde ich mit den Alpen auf jeden Fall ein großes Heimatgefühl. Weil ich mich natürlich auch viel in den Bergen bewege. Ich war zum Beispiel schon am Großglockner und am Ortler. Da ich ein ausgesprochener Naturmensch bin, nehme ich die Alpen auch sehr stark als Lebensraum für Mensch und Tier wahr. Wenn ich ehrlich so mein Bauchgefühl erfrage, spielt neben dem Gedanken an eine Insel der Seligen und eine geschützte Werkstätte auch die Gefährdung des Lebensraums Alpen durch Überbevölkerung und Umweltverschmutzung eine Rolle.

An dieser Stelle habe ich ein gespaltenes Verhältnis zum Tourismus. Ich habe ja geschildert, dass ich selbst sehr viel als Touristin unterwegs war. Doch bei meinen Reisen in andere Kulturen und Länder konnte ich auch sehen, was der Tourismus zerstören kann. Gerade im Himalaya. Wenn man da vom Startpunkt weggeht, muss man sich durch leuchtgelbe Jacken, Trägerbanden und Yacks regelrecht durchschlagen. Eine Autobahn ist genauso befahren wie dort das erste Stück von Lukla weg. Bewußtes Reisen samt Schutz der besuchten Länder, statt stumpfem Massentourismus ist hier gefragt. Auch der Tourismus in den Alpen hat für mich Vor- und Nachteile. Ich frage mich schon nach dem Sinn und Zweck dieses „Alles zugänglich machen". Der Mensch ist von Natur aus verleitet, alles zu sehen, zu kontrollieren und erschließen zu wollen. Davon bin ich ein absoluter Gegner. Dass man dann in der Gipfelflanke zum Mt. Everest auf 8.400 m im Stau steht, ist ja völlig verrückt. Ich habe davon gelesen, dass auch bei uns in den Alpen die Pflanzen Rückzugsorte suchen und sich auf immer höhere Gebiete zurückziehen. Ich finde es bemerkenswert, dass Pflanzen und Tiere einen Rückzugsort in den Alpen suchen. Aber wenn gleichzeitig auch der Mensch einen Rückzugsort in den Bergen sucht, geht sich das nicht mehr aus. Dann sitzen wir dann alle auf 2.000m und wollen unsere Ruhe haben. Das wird schwierig. Als Jägerin und Waldbeobachterin betrachte ich vor allem das Zurückdrängen des Wildes durch den Menschen mit Besorgnis.

Beim Verhalten der Pflanzen finde ich etwas besonders bemerkenswert. Diese ziehen sich nicht auf höhere Lagen zurück, weil die Bedingungen dort besser wären, sondern weil auf tieferen Tallagen schon andere Pflanzen siedeln. Es gibt also eine Verdrängung und als ich das hörte, musste ich natürlich unweigerlich an die Modebranche denken. Denn in unserer Branche herrscht ein absoluter Verdrängungswettbewerb. Ein Neuer kann letztlich nur dann in den Markt kommen, wenn ein Alter weggeht.

Aber mit Ihrem Produkt haben Sie doch in Punkto Qualität und Namen ein Alleinstellungsmerkmal?

Schneider: Ja sicher. Wenn ich gefragt werde, welche Konkurrenten wir haben, sage ich immer augenzwinkernd: Keine! Aber das sage ich, weil wir eben mit Habsburg ein sehr spezifisches Genre bedienen, welches eigentlich sonst niemand macht. Nämlich die Herstellung von gehobener Jagd- und Gesellschaftskleidung. Wir haben hier im Laufe der Jahre einen völlig unverwechselbaren Stil entwickelt. Aber natürlich sind auch wir der globalen Konkurrenz in der Modebranche ausgesetzt. Etwa den Billiganbietern, wie Zara & Co. In gewissen Bereichen, wenn es etwa um Basic-Teile geht, werden diese Firmen zu Konkurrenten. Früher waren wir, vor allem mit unserer Muttermarke Schneiders, die einzigen oder einer der wenigen, die Loden verarbeitet haben. Heutzutage macht Karl Lagerfeld Lodenmäntel und Escada Dirndln. Unsere Branche ist wie alle anderen Branchen auch, dem globalen Wettbewerb ausgesetzt und da ist es natürlich nicht einfach zu bestehen.

Wie beurteilen Sie angesichts dieser Entwicklungen die Zukunft der Alpen als Wirtschaftsstandort?

Schneider: Auf jeden Fall als einen Standort, der einen sehr starken Joker im Ärmel hat. Auch hier kann ich wiederum eine Parallele ziehen. Wir produzieren ja auch Trachtenmode und wir erleben in den letzten Jahren einen regelrechten Trachtenboom. Doch was hinter diesem Trend steckt ist nicht nur die Mode an sich, sondern eine regelrechte Sehnsucht nach etwas Ursprünglichem. Nach der eigenen Kultur, nach der eigenen Identität, nach Werten. Auch ein bisschen nach Nachvollziehbarkeit, sprich, wo wurde ein Produkt hergestellt, wo kommt der Stoff her, wo ist das verarbeitet, kann ich das mit reinem ökologischen Gewissen tragen? Gerade in der globalen Gleichmacherei ist man ja schon versucht, sich ein bisschen davon abzuheben. Mit einer Tracht setzt man da schon ein Statement und sagt: ich stehe zu meiner Heimat, zu meiner Herkunft und kleide mich jetzt bewusst und kann mich dadurch abheben. Der Vorteil steckt natürlich auch darin, dass wir im alpinen Raum Trachten haben, welche auch tragbar sind. Wenn ich jetzt an einen Kimono denke oder an holländische Holzpantoffel, die sind ja nicht wirklich alltagstauglich. Hingegen kann man ein Dirndl und einen eleganten Trachtenanzug eigentlich rund um die Uhr tragen. Ob bei den Salzburger Festspielen, oder an einem Ball, oder zum Einkaufen – es passt eigentlich immer. Die Tracht ist natürlich auch ein alpenländisches Element, inhaltlich ist es unsere Lebensgrundlage. Unsere Firma könnte wahrscheinlich anderswo nicht existieren, weil wir ganz unmittelbar mit unserem Kulturkreis und unserer Herkunft verknüpft sind.

Ist für Sie der Standort also wirklich unternehmensentscheidend? Könnten Sie z.B. in Hamburg nicht dasselbe machen?

Schneider: Nein, das glaube ich nicht. Bei Schneiders haben wir jetzt auch eingeführt, dass wir unter das Markenlogo Schneiders Salzburg dazuschreiben. Also bewusst kommunizieren, dass wir von hier kommen und dass Salzburg absolut zu unseren Markenkernwerten zählt. Die Kleidermanufaktur Habsburg, so ist der vollständige Name, befasst sich aber nicht nur mit Trachten. Wir sind ja auch mit dem imperialen Erbe der K&K Monarchie sehr verbunden. Die 600-jährige Habsburgermonarchie dient uns somit oft zur Inspiration. Wir blättern oft in Habsburger Archiven, ziehen alte Schnittvorlagen heran, setzen Uniformdetails ein oder machen korsettartige Schnitte. Auch hier spielt bei uns die Herkunft eine wichtige Rolle. Zwar stehen die Habsburger jetzt vielleicht nicht unmittelbar für die Alpen, aber ich bin überzeugt, man könnte unser Unternehmen nicht außerhalb von Österreich führen. Wir beziehen auch sehr viele Materialien aus Österreich, z.B. von traditionellen Stoff- und Lodenherstellern. Leinen aus dem Mühlviertel in Oberösterreich. Loden von *Loden Steiner* in Mandling, in der Steiermark. Auch die Knöpfe beziehen wir aus Österreich. Es ist uns ein Anliegen, dass wir bei unseren Lieferanten ebenso heimatverbunden bleiben. Wie gesagt, die alpenländische Kleidungskultur bildet unsere Lebensgrundlage. Dieses Bekenntnis wird auch gerade in einem zunehmend „globalen Einheitsbrei" für uns immer wichtiger. Hier wollen wir bewusst ein Statement setzen und uns abheben. Wir spüren, dass das Thema *„die alpenländische Bekleidungskultur neu interpretiert"* wieder im Kommen ist. Und unseren Standort hier zu haben, ist für uns dadurch auch entscheidend.

Glauben Sie, dass die Menschen in den Bergen vielleicht auch eine andere Wertewelt entwickelt haben, wie etwa ein Großstädter?

Schneider: Für mich sind die Menschen in den Alpen auf jeden Fall die „lebensnaheren". Ich kann diese Landflucht eigentlich nicht verstehen. Auch mit meiner Familie setze ich da einen bewussten Gegentrend. Wir leben in einem 400 Jahre alten Bauernhaus. Um dort hin zu gelangen muss man eine Forststraße durch einen Wald hinauffahren, dann kommt eine große Grünfläche und dort steht dieses eine Bauernhaus. Ich bin um jede Minute froh, die ich in keiner Stadt verbringen muss! Über die ach so intakte urbanisierte Welt muss ich jedes mal den Kopf schütteln. Ich habe durch meine Reisen in drei der größten Städte der Welt, in Mexico City, in Sao Paolo und in Tokio gelebt. In der Metropolregion Tokio leben über 35 Millionen Menschen. Ich kann nicht verstehen, welcher Mensch Gefallen daran findet, dort zu leben. Aber anscheinend ist der Mensch ein sehr soziales Wesen, dass er sich mit diesen ganzen Nachteilen in Ballungszentren zurechtfindet. Und immer die Ausrede: Job, Job, Job. Ich behaupte, wenn man etwas wirklich will, wie zum Beispiel am Land zu leben, dann findet man auch dort Möglichkeiten. Freunde von mir stellen z.B. auf ihrem Hof Apfelsäfte aus seltenen Apfelsorten her (*Jaidhof*). Man muss halt ein bisschen kreativ sein und einen starken Willen haben. Ich glaube auch, dass sich der Mensch so immer mehr von den ursprünglichen

Lebenswerten entfernt. Durch das Leben in den Bergen sind die Menschen viel unmittelbarer an der Natur dran. Ich will meine Kinder bewusst in der Natur aufwachsen lassen, weil ich glaube, wenn einem das Verständnis zur Natur fehlt, dann fehlt einem das Verständnis für den gesamten Kreislauf. Ich finde diese Entfernung von der Natur eine extreme Gefahr. Bergvölker haben ohne diese ganzen Gerätschaften, die wir jetzt als unabdingbar halten, wie Laptop, Handy usw. auch überlebt und ich behaupte, in einer psychisch besseren Verfassung, als in der heutigen Gesellschaft. Ich erlebe das bei der Jagd. Da sitze ich ohne Handy in der Natur, habe kein „Zivilisationsgerät" bei mir und muss einfach nur still sitzen und die Natur beobachten. Welcher Mensch macht das schon heutzutage. Handyfreie, unerreichbare Zeit, ist für mich sowieso der größte Luxus.

Doch die digitale Vernetzung schreitet rapide voran. Wie sehen Sie in diesem Bezug die Zukunft, etwa in 20 Jahren?

Schneider: Davor hab ich regelrecht Angst. Aber ich spüre parallel dazu auch Gegentrends, etwa bei der Ernährung. Bio boomt, ebenso ganzheitliche Ansätze in der Medizin. In einer „gehobeneren" Bevölkerungsschicht ist aus meiner Sicht bereits eine Rückbesinnung zur Natur und zu nachhaltigem Denken feststellbar. Die Masse wird das aber sicher nicht sein. Ich nenne diese immer die Cineplexx-Generation. Diese trinkt Cola, futtert Pommes und schaut sich amerikanische Blockbuster an. Das finde ich echt schockierend. Doch es gibt diesen Gegentrend. Auch bei uns in der Modebranche ist er zu spüren. Die Menschen fragen nach, woher die Dinge kommen und bei aller Kritik, hier sind gerade die digitalen Medien wichtig gewesen. Durch sie wurde viel aufgeklärt und ein Bewusstsein geschaffen. Irgendwas muss der Menschheit ja wieder einfallen, um das Ruder wieder herumzureißen. Ich glaube, dass wir sonst eigentlich unserem eigenen Untergang entgegenrennen und zwar in einem enormen Tempo und zusätzlich unseren Planeten zerstören.

Das Alpine und das Regionale gehören vielleicht ja auch stark zusammen. Würden Sie meinen, dass auch andere Gebirgsregionen ähnliche Wertemuster aufweisen?

Schneider: Ich glaube das schon und auch Reinhold Messner spricht davon, dass sich durch die ähnlichen Lebensbedingungen auch ähnliche

Denkmuster und Werte entwickelten. Ich kann dem Gedanken, dass es ein weltweit verbindendes Element zwischen den Bergvölkern gibt, einiges abgewinnen.

Und was das Regionale anbelangt, sehe ich gerade dafür eine große Chance. Früher wäre das vielleicht „uncool" und „für Alte“ gewesen. Doch heute boomt das Echte, das Regionale. Beispielsweise hat das österreichische „Servus Magazin“ eine höhere Auflage als die deutsche „Vogue“ oder „Elle“. Die „Awareness“ und Bereitschaft für eine echte und authentische Lebensart und Lebensweise nimmt zu. Der Mensch sucht einen Gegentrend zur Globalisierung. Es gibt eine regelrechte Orientierungslosigkeit und dadurch auch eine Suche. Derzeit sehe ich nach vorne wenig Perspektive, da es wenig Sinn macht, den noch schnelleren Computer oder das noch schnellere Flugzeug zu entwickeln. Eigentlich kann man sich nur zurück besinnen und umdenken. Dies stelle ich auf verschiedensten Ebenen fest. Es ist heutzutage wieder „in“, einen Couchbezug von einem alten Leinenproduzenten machen zu lassen. Da treten dann zwar Unregelmäßigkeiten im Stoff auf, aber dafür ist es Handwerk und eben etwas Echtes, etwas Greifbares.

Sie verkaufen sehr individuelle Produkte und keine Massenware. Verkaufen Sie da auch bewusst eine Story mit?

Schneider: Ja natürlich, aber vielleicht mehr noch, auch ein Lebensgefühl. Der Trend in der Modebranche geht eher zum Legeren, zum Lockeren. Warum trägt jetzt ein Mann in der Stadt eine Jagdjacke aus Loden, die er in der Stadt eigentlich nicht braucht? Meiner Meinung nach, um dieses Lebensgefühl, dieses Naturgefühl zu übertragen. Er will, bildlich gesprochen, das Land in die Stadt bringen. Dieses Lebensgefühl verkaufen wir. Authentizität, Handwerk, Naturverbundenheit. Dieses Cross-Dressing, wie es in der Modebranche genannt wird, ist ein interessanter Faktor geworden. Viele machen es, um sich abzuheben. Sie wollen nicht den 100. Boss-Anzug tragen, sondern bewusst ein Statement setzen. Ich glaube, dass noch viele gerne Tracht tragen würden, sich aber noch nicht trauen. Als ich jünger war, war ein Dirndl out und peinlich, untragbar. Heute trägt insbesondere die Jugend wieder Tracht, egal ob am Oktoberfest oder am Wiener Jägerball.

Natürlich ist es wohl für Ihren unternehmerischen Erfolg günstig, wenn es einen Trend hin zur Trachtenmode gibt. Sehen Sie noch andere Faktoren für Ihren Erfolg?

Schneider: In der heutigen Zeit ist es von Vorteil, dass wir ein Familienunternehmen sind und kein börsennotierter Konzern und auch nicht von irgendwelchen Finanzhaien abhängig sind. Dass Familienunternehmen eben auch langsamer ticken, aber dafür langfristiger denken, sehe ich in unserer schnelllebigen Zeit auf jeden Fall als Vorteil, den wir auch sehr pflegen. Mein Vater spricht immer von der Großfamilie, und meint damit auch unsere MitarbeiterInnen. Das betrachte ich auch als einen sehr wichtigen Erfolgsfaktor in der heutigen Zeit. Dass sich die MitarbeiterInnen auch nicht als Nummern fühlen, die beliebig ausgetauscht werden, halte ich für einen echten Wert in unserem Unternehmen. Und natürlich spielt auch eine gewisse Unternehmensstory eine wichtige Rolle. In der Modebranche gibt es ja irrsinnig viele Marken, auch Neumarken, die zwanghaft noch eine Geschichte suchen, diese dann als Marketing-Gag zusammenzubauen und „since 1999" draufschreiben. Das ist für mich keine authentische Herangehensweise. Da haben wir natürlich einen riesigen Vorteil.

Wir müssen die Geschichte nicht erfinden. Schneiders gibt es seit 55 Jahren, Habsburg Moden zwar erst seit 22 Jahren, da steht allerdings eine 600-jährige Monarchie mit ihrem ganzen kulturellen Reichtum dahinter. Dass wir uns an unsere Geschichte und an unsere Tradition anlehnen können, ist sicher auch ein riesiger Vorteil. Doch neben unserer Geschichte und Tradition gibt es für mich Werte, die mich noch stärker prägen. Das sind Authentizität, Heimatgefühl und die Natur. Und der wichtigste Wert für mich, das ist die Familie.

Harald Pechlaner, Michael Volgger, Manuel Demetz

Standortfaktoren und -management in den Alpen

*Der in Meran 1965 geborene Südtiroler **Harald Pechlaner** studierte an der Universität Verona Handelswissenschaften sowie Betriebswirtschaftslehre und promovierte 1993 an der Universität Innsbruck. Von 1993 bis 1998 war er Leiter der Fremdenverkehrsabteilung der Südtiroler Landesregierung sowie Direktor der Südtirol Tourismus Werbung in Bozen. Der verheiratete Vater zweier Kinder habilitierte sich 2002. Seit 2003 lehrt und forscht er im Bereich strategisches Management und Destinationsmanagement an der Katholischen Universität Eichstätt-Ingolstadt als Inhaber des Lehrstuhls Tourismus und Leiter des Zentrums für Entrepreneurship. Zudem führt er an der Europäischen Akademie EURAC in Bozen das Institut für Regionalentwicklung und Standortmanagement, wo **Michael Volgger** und **Manuel Demetz** wissenschaftliche Mitarbeiter sind.*

Die Region als Wirtschaftsfaktor

Was gezieltes Standortmanagement leisten kann

Damit die Region als Ganzes sich zu einem konkurrierenden Wirtschaftsstandort entwickeln kann, hat mit zunehmender Globalisierung und Entwicklung des europäischen Binnenmarktes das Standortmanagement als interdisziplinärer Forschungsbereich aber auch als Managementwerkzeug an Bedeutung gewonnen. Wird mit der ursprünglichen Begriffsbezeichnung für Standortmanagement das Verwalten einer regionalen Niederlassung eines Unternehmens assoziiert (Weber, 1909), hat sich in den vergangenen Jahrzehnten die Begriffsdefinition gewandelt bzw. erweitert. Heute wird unter Standortmanagement das vernetzte Vorgehen verstanden, das dafür erforderlich ist, eine Region bzw. territoriale Einheit als Ort des Wirtschaftens gezielter und nachhaltiger entwickeln und positionieren zu können, um dadurch die wirtschaftliche Zukunftsfähigkeit dieser territorialen Einheit sicherzustellen (Bieger, 1999).

Kernaufgabe des Standortmanagements ist das Bemühen, raumspezifische sozioökonomische Entwicklungsperspektiven aufzuzeigen, die zu einer Stärkung der territorialen wirtschaftlichen Aktivitäten führen, insbesondere durch eine Verbesserung der räumlichen Strukturen sowie des Produktionsmilieus. Aufgabe des Standortmanagements ist es, die Standortfaktoren für Beschaffung, Produktion und Absatz gezielt so zu steuern, dass Unternehmungen in einem definierten Territorium die Inputfaktoren optimal einsetzen können, um Leistungen zu erstellen (Beckmann, 2005).

Werden die wirtschaftspolitischen Ziele des politischen Diskurses von den Parteien und wirtschaftsnahen Netzwerken und Interessenvertretungen aufgegriffen, gesteuert und über die wirtschaftspolitischen Institutionen und Abläufe der öffentlichen Verwaltung als Teil der traditionellen Wirtschaftsförderung artikuliert, hat sich das Standortmanagement als ein hybrides Vorgehen zwischen wirtschaftspolitischem und marktwirtschaftlichem Handeln, mit teilweise eigenen organisationalen Strukturen, etabliert (Pechlaner, Herntrei, Pichle & Volgger, 2012). Ergänzend zu den Wirtschaftsförderungsmaßnahmen wie Infrastrukturpolitik, Raumordnung und Fiskalpolitik entstehen so auch kooperative Netzwerke an der Schnittstelle von Politik und Markt.

Als Teil der Wirtschaftsförderung ist das regionale Standortmanagement immer auch eine Clusterstrategie, mit dem Ziel, Agglomerationsvorteile sicher zu stellen (Porter, 1991). Dies gilt insbesondere für wissensbasierte Wirtschaftsbereiche wie in der Dienstleistungsbranche. Die Ziele des Standortmanagements lassen sich primär in zwei zentrale Aufgabenbereiche unterteilen, und zwar in die Standortpolitik und in das Standortmarketing, mit folgenden strategischen Arbeitsschwerpunkten (Gubler & Möller, 2006):

- Regionalwirtschaftlich bedeutsame Wertschöpfungsketten durch Vernetzung, Ansiedelung, Professionalisierung und Marketing zu stärken und für die Standortabsicherung weiter zu entwickeln.
- Aufgabe der Vernetzungsstrategie ist die Aktivierung regionaler Akteure, um bspw. den Wissensaustauch zu fördern, gemeinsam Großprojekte anzusiedeln oder spezifische infrastrukturelle Rahmenbedingungen zu optimieren.
- Ziel der Ansiedelungsstrategie ist es, die gezielte Lenkung von Investitionsströmen in das eigene Territorium zu unterstützen, um Defizite in der regionalen Wertschöpfungskette zu kompensieren.
- Die Professionalisierungsstrategie muss dafür sorgen, dass die Verfügbarkeit von qualifizierten Arbeitskräften gewährt ist und im Rahmen von Weiterbildungsmaßnahmen und Anwerbung, diese den regional bedeutsamen Wertschöpfungsketten zur Verfügung stehen.
- Die Marketing- und Kommunikationsstrategie muss gewähren, dass die weichen Standortfaktoren wie Identität, Glaubwürdigkeit, Akzeptanz nach innen wie nach außen sicher gestellt sind.[1]

Im Gegensatz zur traditionellen Wirtschaftsförderung, die viel eher auf die Betreuung der bestehenden Betriebe vor Ort ausgerichtet ist, fokussiert das Standortmanagement – die *neue* Wirtschaftsförderung – stärker darauf das Territorium als Ganzes zu vermarkten und die gezielte Förderung von Innovation und Existenzgründungen als Teil ihres institutionellen Auftrages zu begreifen. Die Vernetzung Wirtschaftsstandort, Tourismusdestination, Kultur- und Lebensraum sollte als fließende Grenze begriffen werden (Pechlaner, Herntrei, Pichle & Volgger, 2012).

Das Standortmanagement ist dabei bemüht, sozioökonomische Charakteristika auszuarbeiten, die es erlauben, das Produktionsmilieu als Differenzierungsmerkmal für die Positionierung des Standortes gezielt einzusetzen. Ähnlich wie Unternehmen befinden sich auch territoriale

[1] Zu diesen Punkten vgl. z.B. Bieger, Derungs, Riklin & Widmann, 2006; Grabow, 2005; Pechlaner, Innerhofer & Bachinger, 2010; Pechlaner & Volgger, 2003a.

Einheiten, wie Regionen, in einem Wettbewerb. Die Sicherstellung der Wettbewerbsfähigkeit einer Region im globalisierten Markt der standortsuchenden Unternehmungen ist Auftrag der *neuen* Wirtschaftsförderung (Porter, 1991). Eine erfolgreiche Positionierung bedarf folglich einer Differenzierungsstrategie die neben den sogenannten *Hard Facts* auch *Soft Facts* wie Wohnqualität, Kinderbetreuung, kulturelle Einrichtungen, Multikulturalität, Erholungsmöglichkeiten, u.v.a. berücksichtigt (Pechlaner & Bachinger, 2010). Erfolgreiches Standortmanagement sollte in der Lage sein, das Standortmarketing als identitätsstiftenden Markenbildungsprozess zu begreifen, der über die Grenzen eines ökonomischen Diskurses hinaus in der Lage sein muss, gesamtgesellschaftliche Akzeptanz zu erreichen, Sinndimensionen zu öffnen und Identifikationsprozesse zu ermöglichen. Die neue Wirtschaftsförderung – ein integriertes Regional-, Standort- und Destinationsmanagement – muss nicht nur wirtschaftlich legitimiert sein, sondern auch als Teil des regionalen Kultursystems begriffen werden und dementsprechend auch die kulturpolitische Legitimation haben. Hierfür ist es erforderlich, in der Governancestruktur des Standortmanagements diese kulturelle Dimension zu berücksichtigen. Aufgrund dieses indirekten kulturellen Auftrags hat das Kommunikationsmanagement für das Standortmanagement an Bedeutung gewonnen. Die Entwicklung einer symbolisch aufgeladenen Kommunikation ist für die Herausbildung von Sinndimensionen und Identitätsprozessen essenziell und definiert die Markenidentität (Hellmann, 2003). Der Standort wird in vielerlei Hinsicht zur Marke.

Kennzeichnend für das regional angelegte Standortmanagement ist das Zusammenspiel von politischen Akteuren, öffentlichen Einrichtungen und privatwirtschaftlichen Organisationsstrukturen, wobei unterschiedliche Governance-Modelle den Einfluss der verschiedenen Akteure unterschiedlich regeln und das dahinterliegende Raummodell die entscheidenden Steuerungsgrößen definiert.

Haben sich die historisch gewachsenen Standortmanagementkonzepte aufgrund der dahinterliegenden öffentlichen Finanzierungsstrategie meist an politischen Kategorien bzw. Grenzen orientiert, so ist es auch das Bemühen auf europäischer Ebene, über verschiedene Fördermaßnahmen grenzübergreifende Initiativen zu fördern und transnationale bzw. transregionale Standortfaktoren zu stärken. Hervorzuheben sind unter anderem die aktuellen Bemühungen, neue territoriale Räume, wie das Konzept der

Makroregion, stärker für das Standortmanagement zu berücksichtigen.[2] Zielsetzung der Bemühungen um die Makroregion ist es, strategisch zusammengehörige, transnationale und überschaubare Räume zu schaffen, die in sich befähigt sind, Homogenität aber auch Diversität zur Förderung der territorialen wirtschaftlichen Dynamik ins Spiel zu bringen. Die Makroregion als regionaler Erfolgsfaktor soll in einem europäischen Binnenmarkt, aber vor allem auch in einem globalen Wettbewerbskontext, neue geographisch eingegrenzte Bezugsräume schaffen. Sie ist Herausforderung und gleichzeitig eine Chance für die Bereiche Governance und Finanzierung sowie im Umgang mit kultureller und sprachlicher Diversität.

Herausforderungen Wirtschaftsraum Alpen

Der Wirtschaftsraum Alpen blickt einer Reihe von Herausforderungen entgegen. Gerade die sich dynamisch entwickelnde Verknüpfung von Wirtschaft und Raum ist hier besonders zu nennen. Die speziellen topographischen Gegebenheiten der Alpen (z.B. Berge, Pässe, Täler) können die bestehenden Grenzen zwischen den verschieden Kulturen und den davon geprägten Verhaltens- und Lebensweisen in den verschiedenen Lebensräumen verstärken. Das scheinbar Nahe kann in den Alpen soziokulturell und ökonomisch weit entfernt sein. Wenngleich der Aspekt des Voneinander-Abgrenzens auch heute noch relevant und die daraus resultierende Heterogenität im Alpenraum beachtlich ist, verändern sich die räumlichen Dynamiken zusehends. Hier spielen wirtschaftliche Verflechtungen, aber auch Verflechtungen durch sich wandelnde Mobilitätslösungen und Verflechtungen im Erholungs- bzw. Freizeitraum eine wesentliche Rolle (siehe auch Ravazzoli & Puzo, 2013).

Der Alpenraum ist ein von Menschen gestaltetes Berggebiet. Er lässt sich gegenüber den umliegenden Flachlandgegenden, aber auch gegenüber anderen Berggebieten, weltweit abgrenzen. Die Unterscheidung zu Flachlandgegenden lässt sich möglicherweise unter dem Begriff der Bergkompetenz subsumieren. Bergkompetenz meint in diesem Zusammenhang eine besondere Fähigkeit, mit dem Lebensraum Berg umzugehen. Dabei umfasst sie Fähigkeiten und Fertigkeiten sowie Wissen und Erfahrungen, welche sich um das Leben, Arbeiten und Wohnen am Berg ausgebildet haben. Schließlich knüpft daran eine kulturelle Ebene von ganz

---

[2] Vgl. European Commission, Regional Policy: Macro-Regional Strategy, abrufbar unter http://ec.europa.eu/regional_policy/cooperate/macro_region_strategy/index_en.cfm, Abrufdatum 09.05.2014.

spezifischen Werten, Deutungsmustern und Lebensstilen („Alpine Lifestyle“) an.

Die Unterschiede zu vielen anderen Berggebieten weltweit beruht auf der frühen und relativ dichten Besiedelung des Alpenraums. Erste Spuren reichen bis in die Zeit vor 50.000 Jahren zurück (Krause, 2008). Derzeit leben 14 Mio. Einwohner im Alpenraum, bei einer Bevölkerungsdichte von 147 Einwohnern/km² (Ständiges Sekretariat der Alpenkonvention, 2010). Würden die Einwohner aber auf die überhaupt besiedelbare Fläche bezogen, ergäben sich noch deutlich höhere Dichtezahlen. Dementsprechend ist der Alpenraum nebst dem Naturraum vor allem auch ein Kulturraum. Die Alpen stehen im Gefüge von Natur und Kultur, von ganz wenigen Ausnahmen abgesehen, für eine kontrollierte und gestaltete Natur. Die Mannigfaltigkeit an Wegen, Schildern und Hütten legen dafür Zeugnis ab. Es ist aber auch ein sehr vielfältiger Kulturraum, welcher nicht nur von Wegen, sondern auch von (kulturellen) Grenzen und Übergängen gekennzeichnet ist (Pechlaner & Volgger, 2013). Nicht weniger als acht nationale Bergkulturen und Bergpolitiken nehmen auf die Gestaltung des Alpenraums Einfluss, um nicht von den regionalen Unterschieden zu sprechen (Bätzing, 2012). Die Spezifität des Alpenraums kann also zusammenfassend in der vielfältigen Kulturlandschaft, im Spannungsfeld von Wegen und Grenzen, identifiziert werden.

Nicht zufällig wird die räumliche Definition des Alpenraums wieder zunehmend in Frage gestellt. Während die Abgrenzungen im Rahmen der Alpenkonvention[3] ein eher enges Verständnis des Alpenraumes an den Tag legen (und vor allem mit topographischen Kriterien operieren), verfolgen die gegenwärtig im Rahmen der EU vorangetriebenen Diskussionen um die Makroregion Alpen eine stärker durch wirtschaftliche Verflechtungen geprägte Perspektive. Hier gibt es Vorschläge, welche einen erweiterten Alpenraum mit 70 Mio. Einwohnern auf 390.000 km² vorsehen (Streifeneder, 2014). Im Gegensatz dazu stehen engere Abgrenzungen der Alpenkonvention mit einem Alpenraum von 14 Mio. Einwohnern und 191.000 km² Fläche (Streifeneder, 2014). Ähnliche Diskussionen und Umsetzungsprozesse wurden auch schon mit den Makroregionen Baltische See[4] und Donau[5] beschritten.

---

[3] Vgl. Alpine Convention, abrufbar unter http://www.alpconv.org, Abrufdatum 09.05.2014.

[4] Vgl. EU Strategy for the Baltic Sea Region, abrufbar unter http://ec.europa.eu/regional_policy/cooperate/baltic/index_en.cfm, Abrufdatum 09.05.2014.

[5] Vgl. EU Strategy for the Danube Region, abrufbar unter http://ec.europa.eu/regional_policy/cooperate/danube/index_en.cfm, Abrufdatum 09.05.2014.

Dennoch bleibt fraglich, ob sich überhaupt politische oder ökonomische Grenzen sinnvoll ziehen lassen oder nicht gar dynamischere und stärker an den einzelnen Prozessen orientierte Definitionen des Standortes Alpenraum nötig werden. Konzepte wie Multilokalität (Rodman, 1992) oder variable Geometrien (Hyman, 2001) gewinnen im theoretischen Diskurs und auch in ersten praktischen Anwendungen zunehmend an Bedeutung (Beritelli & Laesser, 2013). Möglicherweise ist es für das Standortmanagement im Bereich der Alpen ebenfalls nötig, hier dynamischere Wege zu gehen und sich zumindest partiell vom Territorialdenken zu lösen. Ein analoger Denk- und Diskussionsprozess vollzieht sich im Bereich des Tourismus im Rahmen des Destinationsmanagements. Hier kann einerseits auf Diskussionen um die richtige Steuerungsform des Netzwerks verwiesen werden; ein Übergang vom Management zu Governance und Leadership ist in der Steuerungsorientierung feststellbar (Pechlaner, Kozak & Volgger, 2014). Andererseits wird die Abgrenzung eines Netzwerks immer schwieriger und die Bedeutung der räumlichen Komponente gegenüber anderen Ordnungskriterien wird in Frage gestellt (Volgger, Pechlaner & Pichler, 2013).

Es erscheint die Frage des Umgangs mit Grenzen zentral für die weitere Entwicklung des Alpenraums und für das Standortmanagement im Alpenraum im Speziellen. Jenseits von makropolitischen Überlegungen und akademischen Konzepten sind die Pioniere eines solcherart verstandenen Standortmanagements in der grenzüberschreitenden Zusammenarbeit zu suchen. Zumal grenzüberschreitende Zusammenarbeit gemeinhin als wünschenswert angesehen wird, sind die Initiativen recht spärlich gesät bzw. mit besonderen Schwierigkeiten konfrontiert. Hier haben insbesondere EU-Programme wertvolle Arbeit geleistet. Wege im grenzüberschreitenden Kontext gewinnen, insbesondere aus Marktsicht in der Vernetzung von alpinen Regionen sowie Überwindung des Alpenbogens und der entsprechenden Verknüpfung der Ballungsgebiete rund um den Alpenbogen, an Bedeutung. Beispiele sind die Europäischen Fernwanderwege und die Via Claudia Augusta (Pechlaner & Volgger, 2013), aber auch die Kooperation im Bereich der Milchwirtschaft im Wipptal-Stubai[6] kann beispielgebend genannt werden.

---

[6] Vgl. Das gesamte Wipptal feiert: Die Milchehe der Bauern aus Nord- und Südtirol ist Realität, abrufbar unter http://www.europaregion.info/de/news-wirtschaft.asp?news_action=4&news_article_id=455541, Abrufdatum 12.05.2014.

Regionale Innovationssysteme (RIS) und das Beispiel Südtirol

Regionen sind diffuse Identitäten und abgegrenzte politisch verwaltete Einheiten. Sie sind kultureller Ausdruck aber auch Wirtschaftssysteme auf der Grundlage lokal verfügbarer Ressourcen, sowie von verfügbarer und potentieller Infrastruktur. Regionen sind Netzwerke unterschiedlicher Interessen und Ansprüche, sie sind aber auch normativ definierte Systeme des Wirtschaftens, Wohnens, Konsumierens und der Freizeit (Maier, Tödtling & Trippl, 2006). Sie sind hybride Formen von kulturellen und politischen Ausdrucksweisen einer Gemeinschaft. Ein regionales Wirtschaftssystem ist nicht einheitlich, was man unter anderem am Zusammenspiel und den nicht immer klar definierten Schnittstellen von Tourismus und anderen Wirtschaftsbereichen erkennen kann. Teilweise unterschiedlich sind beispielsweise die Ansprüche von Zielgruppen des Tourismus und jene der Wirtschaft im Bereich Landwirtschaft oder Einzelhandel, unterschiedlich die (gemeinsamen) Haltungen und Erwartungen an Qualität und Innovation, von (Vor-) Erfahrungen und (Vor-) Urteilen geprägt, ist die Integration in kooperative Systeme. Aber Homogenität ist selten ein Erfolgsfaktor für regionale Entwicklung, sondern vielmehr kann das Zusammenspiel durchaus unterschiedlicher Akteure oder heterogener Interessen das Konstrukt Region dynamisch und lebendig werden lassen.

Unter Bedingungen der Vielfalt sind entscheidende Faktoren dann die gemeinsamen Vorstellungen von Entwicklung und Perspektiven und die Art des Zusammenspiels, um nicht explizit von Zusammenarbeit zu sprechen. In polyzentrischen oder heterarchischen[7] Netzwerken (Jansen, 2006) besteht grundsätzlich die Möglichkeit, dass viele von vielen lernen können, was wiederum eine wichtige Grundlage für Innovation sein kann. Regionen enthalten implizite Mechanismen des Zusammenspiels von Akteuren, die durch Lernen eine Wissensbasis generieren und damit die Ausbildung von Kompetenzen ermöglichen können. Auf diesem Wege wird das Zusammenspiel der Akteure spür- und sichtbar, weil sie Werte im Sinne von Anspruchsniveaus erarbeiten und damit eine Sichtbarkeit nach außen erhalten. So sind etwa regionale Marken eigentlich ein Ausdruck der Innovation im Netzwerk und der Koordination von wirtschaftlichen, gesellschaftlichen, kulturellen und administrativen Politiken (Anholt, 2006). Notwendigerweise sind regionale Marken auch zu einem bestimmten Grad diffus, weil sie Optionen erarbeiten, die bei entsprechendem Dialog zu

---

[7] Verstanden als Gegensatz zu „hierarchisch“ (siehe u.a. Raich, 2006).

Prioritäten des Handelns werden können und weniger Mechanismen des Zulassens oder der Sanktion von Optionen darstellen (sollten).

Regionen sind nicht zuletzt Lebensräume (Engl, 2012) und zugleich Ausdrucksformen der Vorstellung von einem spezifischen Lebensraum. Sie sind Interaktionsflächen des Austausches, sie sind Ventile der Entwicklung und ermöglichen durch räumliche Nähe die Zusammenarbeit von Akteuren. Die Grundlage dafür kann eine regionale Kultur sein, die einen bestimmten Anspruch an Qualität oder Innovation hat. Der Lebensraum bildet nicht zuletzt auch die Grundlage für die Ausgestaltung der touristischen Destination im Sinne eines Zielgebietes, in welchem Gäste einen Teil ihrer Freizeit verbringen und dabei lernen, wie Raum und Menschen zusammenspielen. Destinationsmanagement bedeutet dabei ein Management von Lebensqualität im Sinne der Vermittlung sinnvoller und nachhaltiger Mensch-Raum-Beziehungen, die man nach der Rückkehr in die Alltagswelt, zumindest teilweise, umsetzen kann (Engl, 2012; Lohmann, Pechlaner, Smeral & Wöber, 2014).

Erfolgreiche Innovationen in einer Region, verstanden als Lebensraum, brauchen mehr als interne Ressourcen. Sie brauchen auch (räumliche) Kulturen der Innovation und Austauschplattformen jener Heterogenität betrieblicher Ausrichtung, die durch die Verschiedenartigkeit Irritation und damit Innovation ermöglicht (Jewkes, 1958). Innovation kann durch Infrastruktur und Kultur, durch Wissen und Intuition, aber auch durch Kooperation im Kontext von Wettbewerb („coopetition“) entstehen.

Innovationen sind soziale Prozesse, die oftmals auf nationaler oder regionaler Ebene eine räumliche Eingrenzung erfahren. Die räumliche Eingrenzung passiert durch einen (räumlich) definierten administrativen Rahmen, einen infrastrukturellen Rahmen und eine durch das Wirtschaftssystem definierte kooperative Ebene, innerhalb welcher Innovation stattfinden kann (Lundvall, 1992; Koschatzky, 2001). Ob national oder regional, entscheidend sind die Dichte und Intensität von Netzwerken inklusive einer strategischen Ausrichtung und Umsetzungskompetenz bei Projekten. Regionale Kontexte haben dabei den Vorteil der räumlichen Nähe von Akteuren und erleichtern damit das Zusammenspiel und die Prozesse der Wissensbildung (Läpple, 1998). Netzwerke, Milieus, Cluster oder Distrikte entsprechen einem ähnlichen Verständnis von geographischer Nähe der Akteure (Ratti, Bramanti & Gordon, 1997). Der intensive Austausch von Wissen in räumlicher Nähe kann anstrengend sein und entsprechende Transaktionskosten aufweisen. Er befördert jedoch auch Spillover-Effekte des Wissens (Genosko, 1999) sowie die Ausbildung von Arbeitsmarkteffekten, weil sich spezialisierte Fachkräfte aus verschiedenen Unternehmen (in räumlicher Nähe) austauschen, wovon grundsätzlich die Region insgesamt wieder profitieren kann. Nicht zuletzt generiert der Standort dadurch attraktive Arbeitsplätze.

Solcherart verstandene regionale Innovationssysteme (RIS) können nicht auf spezifische Branchen, Sektoren oder Industrien begrenzt werden. Sie eignen sich, um ein breites Branchenspektrum in die Netzwerkbildung, zum Zwecke der Innovation, zu integrieren. Bieger, Derungs, Riklin & Widmann (2006) unterstreichen beispielsweise die Integration des Tourismus in die Netzwerke des Lebensraumes im Sinne eines integrierten Standortkonzeptes: Der Tourismus ermöglicht durch seine Erfordernisse, Marktbedürfnisse und Ansprüche eine regionale Diskussion und Strategie bezüglich Ausbau von Infra- und Suprastrukturen, was wiederum den anderen Wirtschaftssystemen zugutekommen kann. Diese „anderen Branchen“ ermöglichen wiederum einen Geschäftstourismus, und interagieren damit mit dem Teilsystem Tourismus. Der Tourismus insgesamt bedient sich der Landschaftsressourcen als integrierenden Faktor, was wiederum eine Schnittstelle hin zur Bevölkerung darstellt. Menschen, die in Regionen leben, haben bestimmte Vorstellungen und Ansprüche an regionale Ressourcen und Werte des Freizeitverhaltens. Je besser diese mit den touristischen Ansprüchen abgeglichen werden können, umso integrierter können die Dienstleistungsketten und Wertschöpfungsarchitekturen von regionalen Kontexten nach innen und außen im Sinne von Identitätsangeboten präsentiert werden. Das wiederum kann eine gute Grundlage für die oben diskutierten regionalen Marken sein.

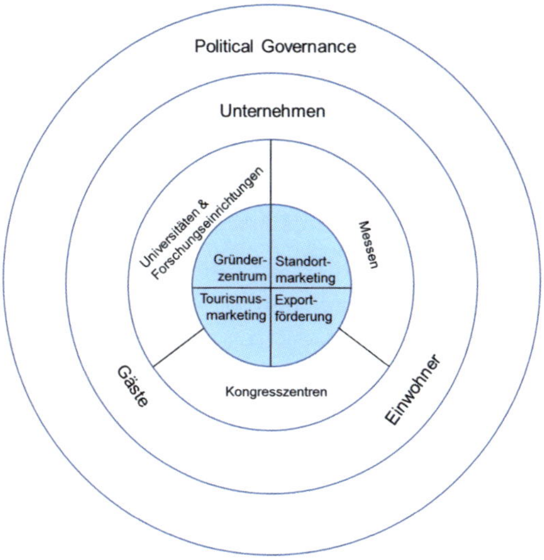

Abb. 1: Akteure des regionalen Innovationssystems
(Quelle: eigene Darstellung)

Wirtschaft (Unternehmen), Tourismus (Gäste) und Bevölkerung (Einwohner) bilden grob skizziert eine Grundlage für regionale Netzwerkbeziehungen. Standorte sind also Orte oder Punkte, an denen Unternehmen in kulturellen und gesellschaftlichen, wie auch wirtschaftlichen, Kontexten agieren und Wissen in Netzwerken zur Verfügung stellen oder entwickeln. Des Weiteren bieten Standorte, die als regionale Innovationssysteme funktionieren, Dienstleistungen und Institutionen zur Unterstützung für Entwicklungsprozesse an. Institutionen der Forschung und Entwicklung, aber auch Messen und Kongresszentren als Plattformen der Begegnung, stellen wichtige Pfeiler in der regionalen Entwicklung dar. Auch Standortagenturen können in einem, zumindest in Ansätzen erkennbaren, regionalen Innovationssystem viel Unterstützung leisten, indem sie als unternehmensnahe Förderer in Kommunikations- und Innovationsprozessen, sowie in der Produktentwicklung, den Unternehmen zur Seite stehen (siehe Abbildung 1).

Regionale Innovationssysteme benötigen unter Umständen eine (regionale) Steuerung (Pechlaner, Herntrei, Pichler & Volgger, 2012), um Richtungen zu gestalten, Wissensbildung zu ermöglichen und vor allem, um private Unternehmen und öffentliche Institutionen zu verknüpfen, wo deren Zusammenspiel positive Effekte für die Lebensqualität und Wettbewerbsfähigkeit haben kann. Netzwerke von Akteuren und Kooperationen innerhalb von Netzwerken sind die Grundlage für eine regionale Steuerung (Regional

Governance), die wiederum das Austarieren und Umsetzen unterschiedlicher Zielsetzungen ermöglicht (Raich, 2006; Pechlaner & Volgger, 2013b).

In den weiteren Ausführungen konzentrieren wir uns auf die Zusammensetzung und den Einfluss von Agenturen im Kontext eines regionalen Innovationssystems am Beispiel Südtirol. Südtirol ist eine Region mit hoher Dominanz von klein- und mittelständischen Unternehmen im primären, sekundären und tertiären Sektor und mit einem starken Fokus auf den Einzel- und Großhandel sowie den Tourismus. Kooperative Netzwerke haben Tradition, was man beispielsweise bei den sehr ausgeprägten Genossenschaftssystemen oder den zumeist als Vereinen organisierten Tourismusorganisationen auf lokaler und regionaler Ebene erkennen kann (Pechlaner & Volgger, 2012).

In Südtirol haben sich in den letzten zehn Jahren insbesondere vier Standortagenturen herausgebildet, welche die Aufgabe haben, das Innovations- und Kommunikationssystem des Landes (siehe Abbildung 2) nach innen und außen zu entwickeln.

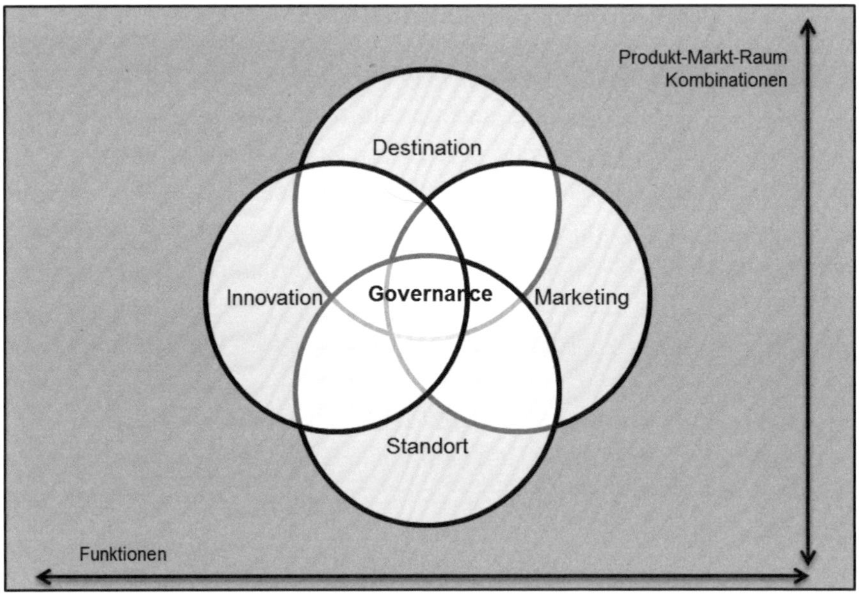

Abb.2: Innovation und Kommunikation als Funktionen der Verknüpfung von Standort und Destination
(Quelle: Pechlaner & Volgger, 2013a)

- EOS Export Organisation Südtirol:

Die EOS ist eine unter dem Dach der Handelskammer operierende Organisation zur Stärkung des Südtiroler Exportes. Sie unterstützt Südtiroler Unternehmen in der Erschließung und Konsolidierung neuer und internationaler Märkte. Darüber hinaus soll sie dazu beitragen, den Bekanntheitsgrad der Qualitätsprodukte aus Südtirol zu erhöhen. Die Organisation verfügt über die Bereiche „International Trade Support" und „Marketing Support", wobei ersterer die Unternehmen im Internationalisierungsprozess unterstützt und letzterer Unterstützung im Absatz, in der Bewerbung und im Vertrieb der Produkte leistet.[8]

- TIS Techno Innovation South Tyrol:

Der TIS Innovation Park fungiert als Impulsgeber für Innovation, Kooperation und Technologietransfer und versteht sich als Zentrum für Innovationspioniere. Der „Park" verknüpft Wirtschaft und Wissenschaft und ermöglicht als Transfereinrichtung die konkrete wirtschaftliche Anwendung von universitärem und internationalem Know-how. Insbesondere soll durch die Unterstützung des TIS die Innovationsfähigkeit der kleinen und mittleren Unternehmen in Südtirol gefördert werden. Das TIS versucht besonders drei Bereiche, in denen Südtirol über besonderes Potential verfügt, zu unterstützen. Es sind dies die Bereiche Alpine Technologien, Energie & Umwelt sowie Lebensmittel & Wohlbefinden.[9]

- SMG Agentur Südtirol Marketing:

Die primäre Aufgabe der Agentur Südtirol Marketing liegt darin, Südtirol als begehrte Destination im In- und Ausland darzustellen und zu bewerben. Die Agentur plant Marktaktionen und Marketingaktivitäten weltweit, mit besonderem Fokus auf die Hauptmärkte Deutschland, Italien, Schweiz und Österreich, die westeuropäischen Märkte Großbritannien, Belgien und die Niederlande sowie auf die zwei zentraleuropäischen Märkte Polen und Tschechien. Die SMG arbeitet in enger Abstimmung mit den (anderen) Tourismusorganisationen, den Wirtschaftsverbänden und weiteren Produktpartnern und agiert unter Berücksichtigung strategischer Richtlinien. Neben der Bewerbung des Landes Südtirol zählen auch der Aufbau und die

---

[8] Vgl. Export Organisation Südtirol der Handelskammer Bozen, abrufbar unter http://www.eos-export.org, Abrufdatum 09.05.2014.

[9] Vgl. TIS Techno Innovation South Tyrol, abrufbar unter http://tis.bz.it/de/, Abrufdatum 09.05.2014.

Weiterentwicklung der Dachmarke Südtirol sowie die Produktentwicklung mit Partnern zu den Aufgabenfeldern der Agentur.[10]

- BLS Business Location Südtirol – Alto Adige:

Die BLS ist die Standortagentur Südtirols und versteht sich als Anlaufstelle für Unternehmensansiedlungen, Standorte und Gewerbegebiete. Die Agentur unterstützt Unternehmen, die an Südtirol als Unternehmensstandort interessiert sind. Sie berät auch Gemeinden in Fragen zu Gewerbegebieten, Standortstrategien und Standortmaßnahmen. Die BLS arbeitet an der Verbesserung der Rahmenbedingungen für die Wirtschaft in Südtirol und versucht Südtirol als attraktiven Wirtschaftsstandort im Ausland, aber auch als Filmstandort, zu positionieren. Die Agentur verwaltet den Filmförderfonds und berät Filmschaffende aus dem In- und Ausland.[11]

Kompetenzfelder wie „Alpine Kompetenz“, „Architektur“, „Alltagskultur“ oder „Nachhaltigkeit“ stellen dabei integrierende Ebenen der Zusammenarbeit zwischen den vier genannten Organisationen (EOS, TIS, SMG, BLS) dar. Dies verdeutlicht aber auch die Notwendigkeit, eine Kooperation von unabhängigen Organisationen auf eine professionelle Ebene zu stellen, um die Transaktionskosten niedrig zu halten und die Effektivität zu erhöhen. Gemeinsames Wissen um die Zielsetzungen, aber auch ein klares Verständnis von den organisationalen Unterschieden und Gemeinsamkeiten spielen dabei eine zentrale Rolle (siehe Abbildung 3).

---

[10] Vgl. SMG Agentur Südtirol Marketing, abrufbar unter http://www.smg.bz.it/de/südtirol-marketing/1-0.html, Abrufdatum 09.08.2014.

[11] Vgl. BLS Business Location Südtirol – Alto Adige, abrufbar unter http://www.bls.info/, Abrufdatum 09.05.2014.

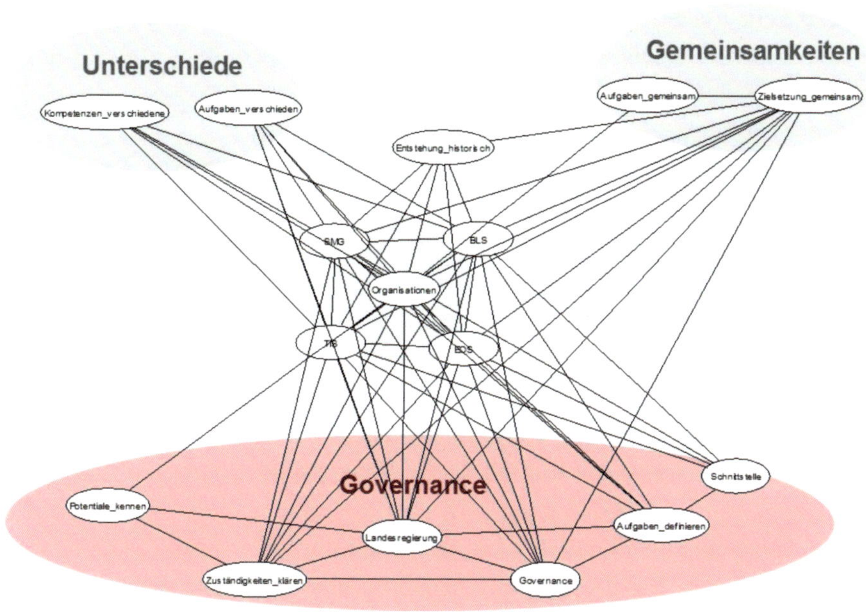

Abb.3: Governance des regionalen Innovationssystems am Beispiel Südtirol: Spezifisches Wissen von Unterschieden und Gemeinsamkeiten als Basis der Kooperation
(Quelle: Pechlaner, Volgger & Pichler, 2012)

Eine genauere Betrachtung der Parallelität mehrerer Organisationen in einer Region zeigt, dass Synergien zwischen den unterschiedlichen Agenturen und Einrichtungen entstehen, die optimal genutzt werden sollten. Unabhängig davon, ob eine Region als Wirtschaftsstandort, Destination, Filmstandort oder Lebensraum positioniert und vermarktet wird, scheint die Sicherstellung einer hohen Lebensqualität für einen attraktiven Raum eine gemeinsame Zielsetzung. Dieses von unterschiedlichen Organisationen gemeinsam verfolgte Ziel schafft einerseits Chancen zur Kooperation, Zusammenführung und Bündelung der unterschiedlichen Ressourcen und Kompetenzen; andererseits schafft es Raum für Konfliktpotentiale, da um ähnliche Ressourcen und Erfolge konkurriert wird.

Durch die enge Verflechtung des Tourismus- und Destinationsmanagements mit dem Standortmanagement und den darunter fallenden Tätigkeiten, Akteuren und Produktfeldern kann eine eindeutige Zuordnung von Aufgabenfeldern und Verantwortlichkeiten schwierig erscheinen. Obwohl Netzwerkqualität ein fundamentaler Aspekt in der Sicherstellung einer hohen Lebensqualität ist (Pechlaner, Volgger & Pichler, 2012), ist eine Klarstellung der Zuständigkeiten und Verantwortlichkeiten der Akteure im

Netzwerk essentiell. Wenn es für die Entwicklung der Region zielführend und sinnvoll erscheint, sollten auch Überlegungen über die Zusammenführung von Organisationen angeregt werden.

Management-Dilemma für das Standortmanagement: Erfolgsfaktor (Sub)Kultur

„Vielfalt" oder „Diversity" sind Erfolgsfaktoren für Wirtschaft und Gesellschaft, die Kreativität und die Generierung neuen Wissens, sprich Innovationen und Innovationsprozesse, in Unternehmen und an Standorten zu fördern. Verschiedene Kulturen in einem Raum und das Zusammentreffen verschiedenster Akteure mit unterschiedlichen kulturellen Hintergründen, ethnischer Herkunft oder Religion, erfordern ein strategisches Management, das darauf abzielt, diese Vielfalt als Gewinn und als Chance zu erkennen, für Wertschöpfungsprozesse positiv zu nutzen und hierfür grundlegende Werte, wie Weltoffenheit und Toleranz, zu vermitteln (z.B. Taylor, 1994). Gerade der Alpenraum, der diverse Nationalitäten umfasst, zeichnet sich durch seine enorme kulturelle Vielfalt aus.

Kulturelle Vielfalt und ein tolerantes Klima an einem Standort sind vor allem für kreative Wissensarbeiter, wissensintensive Branchen und Unternehmen der Kultur- und Kreativwirtschaft ein wichtiger Anziehungsfaktor. Es sind dies Branchen, die auch für regionale Innovationssysteme bedeutend sind. Durch das Aufeinandertreffen diverser Kulturen, unterschiedlicher Denk- und Verhaltensweisen sowie Lebenserfahrungen werden kreative Impulse und innovative Potentiale ausgelöst und befördert (Floeting, 2007). Demnach können Kultur, kulturelle Vielfalt, Offenheit und Toleranz als bedeutende Standortfaktoren für bestimmte Branchen bezeichnet werden, die für die Wettbewerbsfähigkeit sowie für die Zukunfts- und Widerstandsfähigkeit von Standorten und Regionen entscheidend sind. Die Zukunft erfolgreicher Standorte liegt vielfach in ihrer Kompetenz, kreative Wissensarbeiter hervorzubringen, wissensintensive Branchen anzuziehen und sie an den Standort bzw. an die Region zu binden (Landry, 2000).

Wie kulturelle Vielfalt treibender Impulsfaktor für Standorte sein kann, kann durch die Entwicklung bestimmter Stadtteile in urbanen Zentren aufgezeigt werden. In zahlreichen deutschen Großstädten wie z.B. in Berlin mit dem Bezirk Kreuzberg[12] oder im Hamburger Stadtteil St. Georg[13] zeigt sich, dass gerade Stadtviertel mit einem an kulturelle Diversität angelehnten Image kreative Branchen anziehen und in der Folge kreative Wissensarbeiter hervorbringen können. In Stadtvierteln, in denen die Mietpreise verhältnismäßig niedrig sind, gibt es erfahrungsgemäß auch eine höhere Wohnungsnachfrage vonseiten der Migranten, die dort ihre eigenen Unternehmen lancieren. Die sich dort entwickelnde ethnisch-kulturelle Vielfalt wirken auf die Kultur- und Kreativwirtschaft (wie z.B. Architekten, Künstler, Musiker, aber auch Graphiker und IT-Dienstleister) als Anziehungs- und Impulsfaktor. Sie erkennen den Mehrwert dieser Vielfalt und setzen ihn für sich weiter in Wert. Die in diesen Stadtvierteln häufig vorherrschenden flexiblen Gestaltungsmöglichkeiten eröffnen nicht zuletzt Jungunternehmern und Start-ups Chancen, die in anderen urbanen Zentren der Großstädte vermisst werden.

Die Ansiedelung mehrerer Unternehmen aus der Kultur- und Kreativwirtschaft in einem bestimmten Raum fördert die Entstehung sogenannter Cluster (Porter, 1998). Diese räumliche Konzentration und Vernetzung von mehreren Unternehmen mit ähnlichen Merkmalen oder mit sich ergänzenden Ressourcen stützt regionale, kreative Lernprozesse und Innovationen. In der räumlichen Konzentration von Unternehmen, aber auch Forschungseinrichtungen und Universitäten liegt eine bedeutende Ursache dafür, dass bestimmte Standorte wettbewerbsentscheidende Branchen mehr anziehen als andere. Insbesondere für wissensintensive Industrien und Dienstleistungsbereiche spielen diese Branchencluster eine wichtige Rolle (Schiele, 2003).

Neben der kulturellen Vielfalt, spielen die Tradition und Geschichte eines Standortes, in der Betrachtung seiner Entwicklungsperspektiven, Chancen und Möglichkeiten, eine Rolle. Daran knüpft auch der Erfolg eines Standortes oder einer Region an (Pechlaner, Fischer & Hammann, 2009). Der Alpenraum ist ein Beispiel eines Raumes im Spannungsfeld mehrerer Staaten, Sprachen und Kulturen. Bereits die in der Antike auf den Straßen und Wegen des Alpinen Raumes verkehrenden Händler, Geschäftsleute und Soldaten, sahen sich mit der Herausforderung konfrontiert, mit Menschen anderer Identitäten und Kulturen zu kommunizieren und sich mit ihnen zu verständigen, um zu wirtschaften und zu handeln. Heute wird diese

---

[12] Vgl. Berlin.de Das offizielle Hauptstadtportal, Kreuzberg: Die multikulturelle Weltstadt, abrufbar unter https://www.berlin.de/special/immobilien-und-wohnen/stadtteile/881276-768874-kreuzbergdiemultikulturelleweltstadt.html, Abrufdatum 12.05.2014.

[13] Vgl. hamburg.de Offizielles Stadtportal für Hamburg, St. Georg – Ein zentrumsnahes Quartier mit internationalem Flair und Freizeitangeboten, abrufbar unter http://www.hamburg.de/st-georg/, Abrufdatum 12.05.2014.

kulturelle Vielfalt durch Migration und sogenannte neue Minderheiten verstärkt. So werden beispielsweise in Südtirol neben den drei Landessprachen zusätzliche 136 „neue“ Sprachen gesprochen (De Paoli, 2014). Damit das Potential einer von kultureller Vielfalt geprägten Gesellschaft allerdings voll ausgeschöpft werden kann, bedarf es neben der wechselseitigen Toleranz und Bereitschaft der kulturellen und subkulturellen Gruppen, der Integration der nicht zu der Mehrheitsgesellschaft gehörenden Gruppen in das wirtschaftliche und gesellschaftliche Leben. Dies geschieht sowohl über den Arbeitsmarkt als auch über Mitwirkung an gesellschaftlichen Prozessen sowie über soziale und kulturelle Teilhabe.

Das Dilemma dieser von kultureller Vielfalt geprägten Standorte und Lebensräume liegt nun darin, dass die Entwicklung dieser Räume zu attraktiven Räumen und Anziehungspunkten für Menschen und Unternehmen aus der Kultur- und Kreativwirtschaft, die Mietpreise für Wohnungen, Büros und ähnliche Infrastruktur in die Höhe treibt. Die Attraktivität und die hohen Preise wiederum machen die Standorte und Lebensräume unerreichbar für z.B. Migranten, und haben somit die Beseitigung jenes Anziehungs- und Impulsfaktors zur Folge, welcher den Standort zum Erfolg gebracht hat, nämlich die kulturelle Diversität.

Management-Dilemma für das Standortmanagement: Der attraktive Lebensraum

Harte und weiche Standortfaktoren machen einen Lebensraum attraktiv für Einwohner, Gäste und Unternehmen. Dazu gehören einerseits infrastrukturelle Aspekte und steuerliche Komponenten, andererseits aber auch die Lebensqualität, das Gesundheits- und Pflegeangebot, das Kulturangebot und die Freizeitqualität (Grabow, 2005; Pechlaner, Innerhofer & Bachinger, 2010; Volgger, Pechlaner & Pforr, 2014). Ein attraktiver Lebensraum kann in ländlichen und alpin geprägten Räumen dazu beitragen, im zunehmenden Wettbewerb um junge Köpfe mit den urbanen Ballungsräumen zu bestehen und einen sogenannten Braindrain zu verhindern (dem kein entsprechender gegenläufiger Fluss von „Humankapital“ entgegensteht). Damit wird die Gestaltung eines attraktiven oder begehrten Lebensraumes zu einer Hauptaufgabe des Standort- und Destinationsmanagements (siehe auch SMG, 2013).

Allerdings ist Standortmanagement auf der Seite der Ziele oft auch durch eine gewisse Ambivalenz geprägt. Zielkonflikte können zeitlicher Natur sein oder sich durch die verschiedenen Zielgruppen der Standortentwicklung ergeben. Umso wichtiger ist es, Standortmanagement und Standortentwicklung als ganzheitliche und integrierte Prozesse zu verstehen, in welchen die mannigfaltigen Wechselbeziehungen mitgedacht werden müssen (Bieger, 1999).

Standortmanagement ist auch in ausgeprägt entwickelten Regionen von Bedeutung. Ein Beispiel dafür ist das Grödner Tal, einer der wirtschaftlich und insbesondere touristisch stärksten Teilräume Südtirols (BAKBASEL, 2014). Ein derart entwickelter Lebensraum hat mit ganz spezifischen Herausforderungen zu kämpfen.[14] Durch die hohe (touristische) Attraktivität des Lebensraumes Gröden stieg dessen Begehrlichkeit in der ganzen Makroregion der Alpen. Dieses Nachfragewachstum führte zu einem bemerkenswerten Anstieg der Lebenshaltungskosten im Lebensraum Gröden, besonders davon betroffen sind Grundstücks- und Immobilienpreise.[15] Dieser Anstieg stellt gerade die junge Bevölkerung vor große Herausforderungen und führt dazu, dass für diese der Traum vom Eigenheim im Grödner Tal zunehmend ein Traum bleibt. Entsprechend lassen sich Dynamiken beobachten, wo sich diese Art von einheimischer Nachfrage zusehends auf die Dörfer am Eingang des Tales verlagert (Lajen, Waidbruck), gefolgt von einem Anstieg der Preise auch dort. In diesem Zusammenhang stellt sich die Frage, wie eine derartige Entwicklung, die zwar wirtschaftliche Prosperität ermöglicht, aber der jungen einheimischen Bevölkerung die Bewohnung des Lebensraums und unternehmerische Aktivität im Lebensraum erschwert, einzuschätzen ist.

Dieses „Dilemma des attraktiven Lebensraumes", wie wir es hier bezeichnen mögen, ist in abstrakter, mathematischer Betrachtung als ein Extremwertproblem anzusehen. Es gilt den Punkt zu finden, wo die positiven Effekte der wirtschaftlichen und touristischen Begehrlichkeit eines Standortes die daraus resultierenden negativen Effekte am meisten überwiegen. Da diese „negativen Externalitäten" des standortentwicklerischen Erfolges oftmals zu Lasten zukünftiger bzw. jüngerer Generationen gehen, mögen wir diese negativen Externalitäten in Anlehnung an Balassa (1959) und Schumpeter (1952) eine Abnahme an dynamischer Effizienz nennen. Insbesondere irreversible oder schwer reversible Schäden gilt es zu vermeiden (Common & Stagl, 2005).

---

[14] Vgl. Wolkenstein in Gröden, St. Christina in Gröden, St. Ulrich, Kastelruth, Lajen, EURAC (2011): Vision Gröden Masterplan, unveröffentlichte Studie der EURAC.

[15] Vgl. ebd.

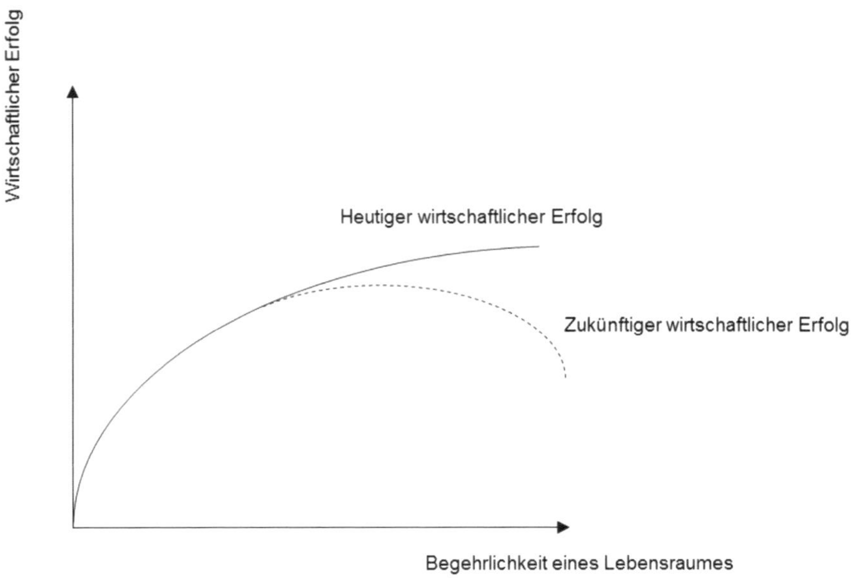

Abb.4: Der hypothetische Zusammenhang von Begehrlichkeit und wirtschaftlichem Erfolg eines Lebensraumes
(Quelle: eigene Darstellung)

Während sich die Problemstellung mathematisch einfach darstellen lässt (siehe Abb. 4), ist deren praktische Lösung – wie bei verwandten Konzepten zum Beispiel der Carrying Capacity (Hardin, 1968) – wesentlich komplexer. Diese Schwierigkeit der Auflösung des „Dilemmas des attraktiven Lebensraumes" liegt zum einen in einer technischen Problematik, nämlich in der Schwierigkeit, akkurate Daten zur Regionalentwicklung zu sammeln und diese zu überwachen, um eine Diagnose der Entwicklung in Echtzeit zu ermöglichen. Zum anderen – und dies ist der wesentlichere Punkt – ist die Lage des Maximums, sprich des anzustrebenden Idealzustandes letztlich eine Frage der Wertehaltung.

Die Bewertung einer spezifischen Lage der Standortentwicklung und die Bestimmung von Wende- oder Extrempunkten fußt am Ende notwendigerweise auf Werten, welche die Zielsetzungen dieser Entwicklung vorgeben. Wird landschaftliche Unberührtheit als Wert an sich höher eingeschätzt als wirtschaftliches Einkommen, wird das anzustrebende Optimum der Attraktivität signifikant anders liegen als wenn dies umgekehrt der Fall wäre. Wird die Optimierung des derzeitigen Einkommens höher eingeschätzt als die Sicherung des zukünftigen Einkommens, kommen wir ebenso zu grundsätzlich anderen Ansätzen. Das heißt, die Fragestellung bleibt eine ethisch-moralische und deren Lösung notwendigerweise eine politische.

Um mit dem „Dilemma des attraktiven Lebensraumes“ umzugehen, sind, aufgrund der obigen Ausführungen, zwei Dinge zentral: Zum einen geht es um eine akkurate Überwachung der Entwicklung eines Lebensraumes (Standort-Monitor), was angesichts der Vielzahl von zu berücksichtigenden Variablen eine nicht zu unterschätzende Aufgabe ist. Zum anderen ist es notwendig, im Rahmen der Gestaltung der Entwicklung die jeweiligen Zielsetzungen von verschiedenen Zielgruppen zu kennen, zu beachten und sie in einem integrierten Entwicklungsansatz umzusetzen. Trade-offs und Zielkonflikte sind in der Standortentwicklung unumgänglich. Allein deswegen auf Gestaltung zu verzichten, wäre fatal. Genauso fatal aber wäre es, der Zielsetzung eines „attraktiven Lebensraumes“ hinterherzulaufen, ohne dessen Nebenwirkungen bedacht und abgewägt zu haben.

Fazit / Ausblick

Wie aus den Ausführungen ersichtlich wurde, sind Regionen als territoriale Einheiten Netzwerke aus verschiedenen Akteuren mit unterschiedlichen Interessen, wenn auch mit gewissen gemeinsamen Zielsetzungen. Da Netzwerke immer auch soziale Interaktion bedeuten und somit als dynamische Gebilde verstanden werden können, können sie einerseits Gegenstand politischer Debatten sein und Angriffsfläche für Interessenskonflikte bieten, andererseits enorme Potentiale für die Entwicklung kooperativer Kompetenzen durch die Bündelung von Ressourcen bergen.

Um mit der Komplexität, den Herausforderungen und Anforderungen von Regionen als Standorte für Unternehmen, als Lebensraum für Einheimische und als Destinationen für Touristen zurecht zu kommen, bedarf es eines räumlichen Managements und einer Steuerung (Governance) dieser Räume. Vielfalt in jeglicher Hinsicht, wie sie für den Alpenraum charakteristisch ist, erhöht einerseits den Komplexitätsgrad und eröffnet andererseits Chancen und Möglichkeiten für eine dynamische und vielseitige Entwicklung. Standortmanagement und Governance wiederum führen zu einer Schärfung räumlicher Profile und geben der Region Identität. Dies scheint gerade vor dem Hintergrund des sich intensivierenden Wettbewerbs und im Kontext der Globalisierung an Bedeutung zu gewinnen. Durch ein entsprechendes, integratives Management, das sowohl Unternehmen als auch Einwohner und Touristen im Steuerungskonzept berücksichtigt, muss es zum einen gelingen, eine gewisse Stabilität und Verlässlichkeit zu schaffen, um das Vertrauen der Akteure zu gewinnen und zu stärken. Zum anderen müssen Freiräume geschaffen und Flexibilität bewahrt bleiben, um auf das dynamische Umfeld, den Wandel und sich ständig verändernde Rahmenbedingungen, reagieren zu können.

Mit einer Regionalentwicklung im Spannungsfeld von Stabilität und Flexibilität, Ressourcenbündelung und Bewahrung der Eigenständigkeit sowie der Kombination von verankerten und gewachsenen Kernkompetenzen mit Innovation, sollte eine nachhaltige Gestaltung und Entwicklung sowohl der urbanen Zentren, als auch der peripheren ländlichen Gebiete im Alpenraum, gleichermaßen möglich sein.

Literaturverzeichnis

Anholt, S. (2006): The Anholt-GMI City Brand Index: How the world sees the world's cities. Place Branding 2, S. 18-31.

Bätzing, W. (2012): Makroregion Alpen und Alpenkonvention – Gegensatz oder ideale Ergänzung? Die europäische Makroregion zwischen Aufwertung von Peripherien und Stärkung von Metropolen, abrufbar unter raumnachrichten.de, http://www.raumnachrichten.de/diskussionen/1528-werner-baetzing-makroregion-alpen-und-alpenkonvention, Abrufdatum 11.07.2014.

BAKBASEL (2014): Tourismus Benchmarking – die Schweizer Tourismuswirtschaft im internationalen Vergleich. Schlussbericht zum „Internationalen Benchmarking Programm für den Schweizer Tourismus: Projektphase 2012-2013", Basel.

Balassa, B. (1959): Success criteria for economic systems, wieder abgedruckt in: Bornstein, M. (Hrsg. 1965): Comparative economic systems: Models and cases, Illinois, S. 2-18.

Beckmann, C.-C. (2005): Beziehungsorientiertes Standortmanagement und regionale Wirtschaftsförderung. Am Beispiel des Relationship Marketing in Bayern, Wiesbaden.

Beritelli, P./Laesser, Ch. (2013): Destinationsmanagement der 3. Generation – Das St. Galler Modell für Destinationsmanagement, in: Beritelli, P./Laesser, Ch./Reinhold, S./Kappler, A. (Hrsg.): Das St. Galler Modell für Destinationsmanagement. Geschäftsfeldinnovation in Netzwerken, St. Gallen, S. 15-51.

Bieger, T. (1999): Integrierte Standortstrategien. Konzept – Erfolgsfaktoren – Management of Change, in: Bieger, T./Laesser, C. (Hrsg.): Jahrbuch der Schweizerischen Tourismuswirtschaft 1998/99, St. Gallen, S. 1-20.

Bieger, T./Derungs, C./Riklin, T./Widmann, F. (2006): Das Konzept des integrierten Standortmanagements – Eine Einführung, in: Pechlaner, H./Fischer, E./Hammann, E. (Hrsg.): Standortwettbewerb und Tourismus. Regionale Erfolgsstrategien, Berlin, S. 11-26.

Common, M./Stagl, S. (2005): Ecological economics: An introduction, Cambridge.

De Paoli, Maria Cristina (2014): Sprache ist Erfolg, in: Magazin für Destinationsmarketing in Südtirol, Januar/Februar/März, Bozen.

Engl, C. (2012). Lebensqualität im Lebensraum Südtirol. Unveröffentlichtes Dokument, SMG-Forum, SMG.

Floeting, H. (2007): Wissen und Kreativität als Treiber urbaner Entwicklung – Braucht die Stadt neue Räume?, in: Schrenk, M./Popovich, V./Benedikt, J. (Hrsg.): To Plan is not Enough: Strategies, Plans, Concepts, Projects and their Successful Implementation in Urban, Regional and Real Estate Development, REAL CORP 007 Tagungsband, Wien, S. 367-377.

Genosko, J. (1999): Netzwerke in der Regionalpolitik, Marburg.

Grabow, B. (2005): Weiche Standortfaktoren in Theorie und Empirie – ein Überblick, in: Thießen, F./ Cernavin, O./Führ, M./Kaltenbach, M. (Hrsg.): Weiche Standortfaktoren. Erfolgsfaktoren regionaler Wirtschaftsentwicklung. Interdisziplinäre Beiträge zur regionalen Wirtschaftsforschung, Volkswirtschaftliche Schriften, Heft 541, Berlin, S. 37-52.

Gubler, R. E./Möller, C. (2006): Standortmarketing – Konzeption, Organisation und Umsetzung, Bern.

Hardin, G. (1968): The tragedy of the commons, in: Science, 162 (3859), S. 1243-1248.

Hellman, K. U. (2003): Soziologie der Marke, Berlin.

Hyman, R. (2001): European integration and industrial relations: a case of variable geometry?, in: Antipode, 33 (3), S. 468-483.

Jansen, D. (2006): Einführung in die Netzwerkanalyse. Grundlagen, Methoden, Forschungsbeispiele, Wiesbaden.

Jewkes, J./Sawers, D./Stillermann, R. (1958): The sources of invention. London.

Koschatzky, K. (2001): Räumliche Aspekte im Innovationsprozess. Ein Beitrag zur neuen Wirtschaftsgeographie aus Sicht der regionalen Innovationsforschung, Hamburg/London.

Krause, R. (2008): Leben in Extremen – Besiedelung des Alpenraumes. Archäologie in Deutschland, S. 4, 18-21.

Landry, C. (2000): The Creative City: A Toolkit für Urban Innovators, London.

Läpple, D. (1998): Globalisierung — Regionalisierung. Widerspruch oder Komplementarität, in: Kujath, H.J. (Hrsg.): Strategien der regionalen Stabilisierung. Wirtschaftliche und politische Antworten auf die Internationalisierung des Raumes, Berlin, S. 61–81.

Lohmann, M./Pechlaner, H./Smeral, E./Wöber, K. (2014): Bericht des Expertenbeirats „Tourismusstrategie". Österreich Tourismus vor Weichenstellung: Stagnation oder Wachstum?, Wien.

Lundvall, B.Å. (1992): National systems of innovation: Towards a theory of innovation and interactive learning, London.

Maier, G./Tödtling, F./Trippl, M. (2006): Regional-und Stadtökonomik 2 - Regionalentwicklung und Regionalpolitik, 3. Auflage. Wien/New York.

Pechlaner, H./Fischer, E./Hammann, E. (2009): Innovationen in Standorten – Perspektiven für den Tourismus, in: Pechlaner, H./Fischer, E. (Hrsg.): Strategische Produktentwicklung im Standortmanagement. Wettbewerbsvorteile für den Tourismus, Berlin, S. 9-29.

Pechlaner, H./Herntrei, M./Pichler, S./Volgger, M. (2012): From destination management towards governance of regional innovation systems – the case of South Tirol, Italy, in: Tourism Review, 67 (2), S. 22-33.

Pechlaner, H./Volgger, M./Pichler, S. (2012): Joyful destinations: The governance of quality of life, Consumer Behavior in Tourism Symposium CBTS 2012, 10-13.12.2012, Bruneck.

Pechlaner, H./Innerhofer, E./Bachinger, M. (2010): Standortmanagement und Lebensqualität, in: Pechlaner, H./Bachinger M. (Hrsg.): Lebensqualität und Standortattraktivität. Kultur, Mobilität und regionale Marken als Erfolgsfaktoren, Berlin, S. 13-34.

Pechlaner H./Kozak, M./Volgger, M. (2014): Destination leadership: a new paradigm for tourist destinations?, in: Tourism Review, 69 (1), S. 1-9.

Pechlaner, H./Volgger, M. (2012): Der Beitrag von Genossenschaften zur nachhaltigen regionalen Entwicklung – Prämissen, Möglichkeiten, Ausblicke, in: Miribung, G. (Hrsg.): Der Beitrag von Genossenschaften zur nachhaltigen regionalen Entwicklung – Prämissen, Möglichkeiten, Ausblicke, Bozen.

Pechlaner, H./Volgger, M. (2013a): Vom Destinationsmanagement zum integrierten Standortmanagement, in: Österreichische Hotelvereinigung (ÖHV) (Hrsg.): ÖHV-Destinationsstudie: Österreichs Destinationen im Vergleich, Wien, S. 24-29.

Pechlaner, H., & Volgger, M. (2013b). Towards a comprehensive view of tourism governance: relationships between the corporate governance of tourism service firms and territorial governance. International Journal of Globalisation and Small Business, 5(1), S. 3-19.

Pechlaner, H/Volgger, M. (2013): Wege und Grenzen: Grenzüberschreitende Leadership in Destinationen. Blog unter: http://wegeundgrenzen.wordpress.com/, Abrufdatum 11.07.2014.

Porter, M. E. (1991): Nationale Wettbewerbsvorteile: erfolgreich konkurrieren auf dem Weltmarkt, München.

Porter, M. E. (1998): Clusters and the new economics of competition, in: Harvard Business Review, 76, S. 77-90.

Raich, F. (2006): Governance räumlicher Wettbewerbseinheiten: Ein Ansatz für die Tourismus-Destination, Wiesbaden.

Ratti, R./Bramanti, A./Gordon, R (1997): The dynamics of innovative regions: The GREMI approach, Aldershot/Brookfield.

Ravazzoli, E./Puzo, Q. (2013). Population growth rate, average annual 2001-2010. EURAC research. Beziehbar unter: http://www.eurac.edu/en/research/institutes/regionaldevelopment/Projects/PublishingImages/Erweiterte%20Alpen.jpg.

Rodman, M. (1992): Empowering place: multilocality and multivocality, in: American Anthropologist, 94 (3), S.640-656.

Schiele, H. (2003): Der Standort-Faktor: Wie Unternehmen durch regionale Cluster ihre Produktivität und Innovationskraft steigern, Weinheim.

Schumpeter, J.A. (1952). Theorie der wirtschaftlichen Entwicklung, 5. Auflage, Berlin.

SMG Südtirol Marketing Gesellschaft (2013): Südtirol wird zum begehrtesten Lebensraum in Europa, Bozen.

Ständiges Sekretariat der Alpenkonvention (2010): Alpenkonvention – Nachschlagewerk. Alpensignale 1, 2. Auflage, Ständiges Sekretariat der Alpenkonvention.

Streifender, T. (2014): Makroregion Alpen – mit Weitblick neue Geographien erforschen, abrufbar unter http://regdev-blog.eurac.edu/makroregion-alpen-mit-weitblick-neue-geographien-erforschen/, Abrufdatum 12.05.2014.

Taylor, C. (1994): Cultural Diversity in Organizations: Theory, Research and Practice, USA.

Volgger, M./Pechlaner, H./Pichler, S. (2013): Verlieren Destinationen als Kooperationseinheiten an Bedeutung?, in: Zeitschrift für Tourismuswissenschaft, 5 (1), S. 57-73.

Volgger, M./Pechlaner, H./Pforr, C. (2014): Location, in: Jafari, J.Xiao, H. (Hrsg.): Encyclopedia of tourism, Wiesbaden.

Weber, A. (1909): Über den Standort der Industrien, Tübingen.

Quellenverzeichnis

Allgäu GmbH Gesellschaft für Standort und Tourismus, abrufbar unter http://standort.allgaeu.info/, Abrufdatum 09.05.2014.

Alpine Convention, offizielle Website der Mitgliedsstaaten der Alpenkonvention, abrufbar unter http://www.alpconv.org, Abrufdatum 09.05.2014.

Berlin.de Das offizielle Hauptstadtportal, Kreuzberg: Die multikulturelle Weltstadt, abrufbar unter https://www.berlin.de/special/immobilien-und-wohnen/stadtteile/881276-768874-kreuzbergdiemultikulturelleweltstadt.html, Abrufdatum 12.05.2014.

BLS Business Location Südtirol – Alto Adige, abrufbar unter http://www.bls.info/, Abrufdatum 09.05.2014.

Das gesamte Wipptal feiert: Die Milchehe der Bauern aus Nord- und Südtirol ist Realität, abrufbar unter http://www.europaregion.info/de/news-wirtschaft.asp?news_action=4&news_article_id=455541, Abrufdatum 12.05.2014.

European Commission, Regional Policy, EU Strategy for the Danube Region, abrufbar unter http://ec.europa.eu/regional_policy/cooperate/danube/index_en.cfm, Abrufdatum 09.05.2014.

EU Strategy for the Baltic Sea Region, abrufbar unter http://ec.europa.eu/regional_policy/cooperate/baltic/index_en.cfm, Abrufdatum 09.05.2014.

European Commission, Regional Policy: Macro-Regional Strategy, abrufbar unter http://ec.europa.eu/regional_policy/cooperate/macro_region_strategy/index_en.cfm, Abrufdatum 09.05.2014.

Export Organisation Südtirol der Handelskammer Bozen, abrufbar unter http://www.eos-export.org, Abrufdatum 09.05.2014.

Hamburg.de Offizielles Stadtportal für Hamburg, St. Georg – Ein zentrumsnahes Quartier mit internationalem Flair und Freizeitangeboten, abrufbar unter http://www.hamburg.de/st-georg/, Abrufdatum 12.05.2014.

SMG Agentur Südtirol Marketing, abrufbar unter http://www.smg.bz.it/de/südtirol-marketing/1-0.html, Abrufdatum 09.08.2014.

TIS Techno Innovation South Tyrol, abrufbar unter http://tis.bz.it/de/, Abrufdatum 09.05.2014.

Alpiner Tourismus

Hohe Munde und Zugspitze

Von Zufällen, Konsequenz und Seilschaften
Heinrich Klier

Über Erfolgsrezepte und Herausforderungen
Heinz Winkler

Über Offenheit und „coole“ Visionen
Reto Gurtner

Heinrich Klier

Von Zufällen, Konsequenz und Seilschaften

Das beachtliche Lebenswerk von Heinrich Klier ist eng mit seiner bergsteigerischen Haltung verknüpft. Ehrgeiz, Leistungswille und kameradschaftliches Füreinander bilden dabei wesentliche Pfeiler. Über das Schreiben von Reiseberichten kam er eher zufällig in die Tourismusbranche, in welcher er heute die Vereinbarkeit von Ökonomie und Ökologie als die wesentliche Zukunftsfrage bezeichnet. Doch nicht im Warten, sondern im Tun liegt für ihn die Lösung.

Der 1926 in Zirl geborene ***Heinrich Klier*** *war in seinen vielen Lebensstationen unter anderem als Schriftsteller, Autor von Wanderführern, Alpinist, politischer Aktivist und Unternehmer tätig. Er gilt als einer der Tourismuspioniere, die wesentlich zum erfolgreichen Aufbau des Wintertourismus in Tirol beigetragen haben. Für seine aktive Beteiligung an Sprengstoffattentaten der Südtiroler Unabhängigkeitsbewegung wurde er 1964 in Abwesenheit zu 21 Jahren Gefängnis verurteilt. Später distanzierte er sich von extremistischen Positionen und wurde 1998 begnadigt. Mit der von ihm 1963 gegründeten Wintersport Tirol AG entwickelte er zahlreiche Schigebiete und betreibt seit 1971 die Stubaier Gletscherbahn. Das Unternehmen beschäftigt heute über 500 Mitarbeiterinnen und Mitarbeiter. Klier ist verheiratet und hat fünf Kinder.*

Herr Klier, was assoziieren Sie persönlich mit den Alpen?

Klier: Zunächst einmal sind die Alpen für mich Heimat. Ich bin hier zu Hause, bin in Zirl, Tirol geboren und meine Eltern sind schon mit uns als Kinder immer viel gewandert. Einmal im Jahr sind wir eine ganze Woche mit unseren Eltern gemeinsam gewandert. Die machten das seit ihrer Hochzeit so. Dadurch habe ich die Berge von klein auf, sozusagen mit der Muttermilch, eingesogen. Das gehört für mich einfach dazu.

Ich habe alle 4.000er der Alpen bestiegen und bin viel in den Dolomiten geklettert. Ich habe auch alle schweren Wände durchstiegen. In jungen Jahren war ich völlig verrückt und nur auf den Bergen unterwegs. Ich war in allen Gebirgen der Welt. Auf zwei Expeditionen in den Kordilleren, einmal im Himalaya und auch in Amerika in allen Gebirgen. Das sind die großen Erinnerungen. Ich bin insgesamt auf fast 2.500 Gipfeln gestanden. Aber ich bin immer wieder sehr gerne in die Alpen zurückgekehrt. Weil da eben das Zusammenspiel zwischen der einheimischen Bevölkerung und der Erschließung der Täler funktioniert. Bei uns ist der gesamte Lebensraum sehr homogen.

Das sind Erlebnisse die man sicherlich nie mehr vergisst?

Klier: Ich führe seit 1939 lückenlos meine Tagebücher. Gerade neulich habe ich einmal angefangen zusammenzuzählen und bin auf diese fast 2.500 Gipfel gekommen. Aber auch 2.500 Bücher habe ich gelesen. Jeden Tag steht etwas drinnen. Und wenn dieses Interview dann kommt, dann lege ich das dazu.

Diese Tagebücher bilden wohl einen enormen Erfahrungsschatz?

Klier: Ja, aber es war eben auch immer viel los. Durch das Klettern in den Dolomiten war ich viel mit Bozner Bergsteigern zusammen und vor allem der Martl Koch war mir der liebste. Seine Schwester war die Wirtin vom Kalten Keller und nach dem Klettern sind wir stets bei ihr zugekehrt. Jedes Mal sind wir da am großen Faschismusdenkmal von Mussolini vorbeigekommen. Eines Tages sagte dann der Martl zu mir: „Du, könntest du mir nicht helfen, den wegzuräumen?“ und das haben wir dann auch tatsächlich 1961, am 30. Jänner, gemacht. Mit allen Folgen für mich persönlich. Ich musste für 3 Jahre nach Deutschland ins Exil. Aber der frühere Südtiroler Landeshauptmann, Silvius Magnago, sagte einmal im kleinen Kreis zu uns: „Wenn ihr es nicht hättet krachen lassen, hätten wir nie diese Autonomie gekriegt!“ Das gab mir schon eine große Zufriedenheit. Ich erzähle Ihnen das jetzt, denn das gehört bei mir alles zum Bergsteigen dazu. Das ist alles Alpen. In ganz Europa sind die Faschistendenkmäler verschwunden gewesen, nur in Südtirol stand noch das riesige Reiterstandbild. Also haben wir gesagt: „Nein, der gehört weg da!“ Man ist übrigens ja auch nie auf den Gedanken gekommen, dieses Denkmal wieder aufzubauen.

Kommen wir zurück zur wirtschaftlichen Entwicklung der Alpen. Wie nehmen Sie diese wahr?

Klier: Ich schaue da nicht so sehr zu anderen Branchen. Für Tirol ist der Tourismus ja das Standbein schlechthin. Wir sind über alle Krisen durch diese Tourismusentwicklung, im Sommer in den Bergen und im Winter beim Skifahren, wirtschaftlich auf guten Füßen geblieben. Immer. Und ich glaube, das gilt auch für Österreich insgesamt.

Was sind für Sie die großen Themen und Bereiche in der zukünftigen Entwicklung des alpinen Raums?

Klier: Eine große Herausforderung liegt sicherlich darin, Ökologie und Ökonomie unter einen Hut zu bringen. Ich glaube, das ist bislang ziemlich gut gelungen. Zum Beispiel sind bei der Stubaier Gletscherbahn heute 25 Lift- und Seilbahnanlagen in Betrieb. Aber wenn ich daran denke, wie ich angefangen habe, in den 70er Jahren, da war Neustift ein kleines relativ armes Bergbauerndorf mit 1.000 Einwohnern. Die jungen Leute haben immer wegziehen müssen. Heute hat Neustift 5.000 Einwohner. Aus den 80.000 Nächtigungen sind 1 Million Nächtigungen geworden. Es ist ein wohlhabendes Tal geworden, eine der großen österreichischen Tourismusdestinationen. Die Erschließung der Alpen, also die technische Erschließung für den Wintersport, hat schon sehr viel für den gesamten Lebensraum gebracht.

Doch ich nenne Ihnen ein aktuelles Projekt, das klar die Grenzen zwischen Ökologie und Ökonomie aufzeigt. Um das Wasser für die Produktion von Kunstschnee zu fassen, brauchen wir Speicherteiche. Bei einem der Bäche, welcher in einen großen Speicherteich führt, hatten

Experten festgestellt, dass dies das Habitat der Zuckmückenlarve sei. In allen Bächen der Alpen gibt es Milliarden von Zuckmückenlarven. Aber um konkret diesen Lebensraum zu sichern, durfte nun das Wasser nicht mehr direkt in den Speicherteich geführt werden. Es wird nun an einer weit tiefer gelegenen Stelle des Bachlaufes entnommen und in den Speichersee hinaufgepumpt. Zuvor ist es direkt hineingeflossen. Können Sie sich so einen Wahnsinn vorstellen? Was soll da ökologisch sinnvoll sein? An allen Ecken und Enden haben wir solche „Experten". Ich frage mich, ob diesen die Menschen die hier leben weniger wert sind, als die Zuckmückenlarve, die es milliardenfach gibt. Dieser Streit ging bis zum Ministerium. Dort wurde uns gesagt: nein, das müsst ihr jetzt bauen, sonst können die Gegner das verzögern, verzögern, verzögern. So entartet Ökologie zum Wahnsinn.

Neben der Ökologisierung gibt es den Trend der Urbanisierung. Die Menschen verlassen zunehmend alpine Regionen.

Klier: Aber viel weniger als früher. Wie bereits erwähnt, Neustift: 1.000 zu 5.000 Einwohner. Früher haben die jungen Leute alle wegziehen müssen. Heute haben alle im Tal, die arbeiten wollen, Arbeit aus einer völlig neuen Branche. Natürlich, die großen Erschließer waren schon vor 100 Jahren da. Das waren vor allem deutsche Bergsteiger und deutsche Alpenvereinssektionen, welche die Dresdner, Nürnberger und Regensburger Hütte gebaut haben. Das war eigentlich der Anfang der ganzen Entwicklung. Auch dies wurde zum Teil sehr angefeindet, aber heute leben die Menschen dort davon. Der Tourismus war ein Segen für alle diese Täler. Doch ohne die Alpen hätten wir das nicht. Ja, wir leben von den Alpen.

Wie kam es denn zu Ihrer unternehmerischen Idee, den Stubaier Bergbahnen? Welche Rolle spielte da ihre Kindheit und Ihre Begeisterung für die Berge?

Klier: Da spielt meine Zeit in München eine große Rolle. Da habe ich gesehen, was es da noch für offene Chancen gibt. Aber eigentlich war vieles Zufall. Schon als junger Mensch habe ich Alpenvereinsführer verfasst. Zum Teil neu verfasst und zum Teil überarbeitet. Und dadurch war ich in München beim Bergverlag als Verlagsleiter tätig. Der eigenartige Zufall war aber jener, dass mein älterer Bruder Postenkommandant in Walchsee war. Und als ich bei ihm auf Besuch war, haben sich der Walchseer Bürgermeister und der Fremdenverkehrsobmann auf mich gestürzt und zu mir gesagt: „Kannst du nicht über uns auch einmal was schreiben?" Die Zeitschrift hieß "Der Winter". Das war damals die größte deutsche Wintersportzeitung. Ich hab ihnen gesagt: „Ihr habt einen kleinen Lift, einen 100m langen Lift, über den kann ich schon eine halbe Seite schreiben, aber ich kann nicht 5 Seiten schreiben. Ihr müsst mehr bauen, ihr müsst größer bauen." Und siehe da, einen Monat danach war ich Vorstand einer Aktiengesellschaft, welche die Lifte in Walchsee gebaut hat.

Sie haben also nicht im Stubaital, sondern in Walchsee begonnen?

Klier: Walchsee, das war der Anfang. Die deutsche Autobahn führte bis dort herein. Ungefähr bis nach Kiefersfelden. Und diese Verbindung durch die Autobahn, war ganz entscheidend für die touristische Erschließung der Alpen. Für uns in den Bergen war dies ein Lebenselixier. Und ich selbst bin mit dem Autobahnausbau weiter, bis ins Stubai. Ich habe zuerst die Lifte in Gerlos gebaut, dann war ich Geschäftsführer von den Schwazer Bergbahnen, die zunächst notleidend waren, dann ist die Autobahn bis Hall heraufgekommen. Da habe ich die Glungezer Bahnen gebaut. Und dann, als der damalige Landeshauptmann Eduard Wallnöfer die Europabrücke geplant, gebaut und durchgezogen hatte, war das Stubaital an der Autobahn. Stubai ist näher am Verkehr als alle anderen. Die Autobahn war ein Segen, nicht nur für unser Unternehmen, sondern für ganz Tirol war es ein Segen. Wir gehören ganz einfach zu Europa.

Welche Ereignisse in Ihrer Karriere als Unternehmer würden Sie rückblickend als erfolgsentscheidend betrachten?

Klier: Da denke ich zum Beispiel an die Erschließung des Glungezer. Da waren wir damals sehr erfolgreich und für den Großraum Innsbruck war diese Erschließung eine entscheidende Sache.

Ich war von meinen Eltern her gewohnt, fleißig zu sein und sparsam zu leben. Das bin ich heute noch. Jeder muss bereit sein, zunächst einmal etwas zu leisten. Alle um mich herum wissen, sie müssen etwas leisten. Wir haben eine große Mitarbeiterbeteiligung im Unternehmen, die größte von ganz Tirol. Doch zuerst muss jeder etwas leisten, dann haben wir auch etwas zum Verteilen. Diese Mentalität, dass alle nur warten, dass der Sozialstaat oder weiß der Teufel wer, für einen sorgt, ist mir zuwider.

Für mich gehört zu einem Menschen dazu, dass er fleißig und tüchtig ist. Ich bin mit 13 Jahren schon Hüterbub auf einer Alm gewesen. Da musste ich alleine für eine Ziegenherde sorgen. Das war eine harte Arbeit. Das waren schon prägende Ereignisse. Das musste man durchstehen.

Inwieweit glauben Sie, prägen die Alpen den Lebensstil der Menschen?

Klier: Die Berge bieten herrliche Möglichkeiten der Freizeitgestaltung, wie z.B. Wandern, Bergsteigen und Skifahren. Ich persönlich verdanke den Bergen auch meine Gesundheit und mein hohes Alter. Meine Beziehung zu den Bergen ist eine echte Liebesbeziehung. Doch heute hat im Verhalten der Menschen ein bisschen viel Faulheit und Trägheit um sich gegriffen. Sie glauben, dass irgendjemand schon für sie sorgen wird.

Die Bergbauern hatten immer gewusst, dass kein Mensch für sie sorgen wird. Sie haben selbst für sich sorgen müssen. Ich habe ja auch Verwandte, die Bergbauern waren. Von klein auf haben alle hart gearbeitet, aber immer mit Freude. Meine Mutter ist in kleinsten Verhältnissen aufgewachsen, aber ich erinnere mich noch, dass sie beim Kochen immer gesungen hat. Sie musste immer viel arbeiten, war aber stets gut gelaunt. Aber mit so einer Einstellung kommt man heute, in dieser übersozialisierten Gesellschaft, nicht mehr weiter.

Gibt es aus Ihrer Sicht universelle Werte, welche „alpine Menschen" prägen?

Klier: Wenn ich vor allem ans Bergsteigen denke, da sind das Werte wie Kameradschaft, das Zusammenhalten, das füreinander verantwortlich sein oder auch in schwierigen Situationen zueinander stehen. Das hängt für mich mit dem Bergsteigen zusammen. Weniger mit dem Wort Alpen. Etwa die Seilschaften. Dieses sich mit einem Seil zusammenbinden und freiwillig in die Gefahr begeben. Das ist für mich schon ein Aspekt, den man nicht geringschätzen darf.

Es gibt wahrscheinlich wenige Unternehmer, die in einem so hohen Alter wie Ihrem noch aktiv im Betrieb arbeiten.

Klier: Meine Freunde sagen ja: „Bist du verrückt, noch immer ins Geschäft zu gehen?“ Ich sage: „Ich gehe einfach gerne ins Geschäft. Da habe ich die jungen Leute um mich herum. Da rührt sich was.“

Heinz Winkler

Über Erfolgsrezepte und Herausforderungen

Heinz Winkler hatte schon sehr früh den Wunsch, hinaus in die Welt zu gehen. Bereits im Alter von 7 Jahren verließ er sein Elternhaus und kehrte nie mehr dorthin zurück. Als einer der erfolgreichsten Köche Deutschlands weiß er, dass Erfolg aus der intensiven Beschäftigung mit der Thematik entsteht und nicht aus schneller Medienpräsenz. Die Besonderheit des Alpenraums gelte es zu erhalten. Traditionen sollen aber nicht nur passiv gelebt, sondern mit Neuem weiterentwickelt werden.

Heinz Winkler *wuchs als jüngstes von 11 Geschwistern auf einem Bergbauernhof in der Nähe von Brixen, Südtirol auf. Der 1949 geborene Winkler begann mit 14 Jahren eine Kochlehre in Bozen, welche ihn mit Stationen in Deutschland, Italien und der Schweiz bis zu Paul Beaucuse nach Frankreich führte. Von 1979 bis 1991 führte er das Tantris in München und wurde 1982 „jüngster 3 Sterne Koch der Welt". 1991 gründete er sein eigenes Hotel und Restaurant, die Residenz Heinz Winkler in Aschau am Chiemsee, die ebenfalls mit drei Michelin Sternen ausgezeichnet wurde. Insgesamt kann Winkler in seiner über 50 jährigen Karriere auf 20 Jahrgänge mit dieser hohen Auszeichnung verweisen. Dies macht ihn zu einem der erfolgreichsten Köche Deutschlands.*

Herr Winkler, Sie kommen ursprünglich von einem Bergbauernhof in Südtirol. Wie sehr hat Sie diese Herkunft geprägt?

Winkler: Das Dorf, in dem ich aufgewachsen bin, liegt in der Nähe von Brixen, auf 1.500 m. Ich bin relativ hart aufgewachsen. Alles war sehr steil und unser Schulweg dauerte über eine Stunde. Oftmals war es sehr kalt und wir haben gefroren. Das prägt einen schon nachhaltig. Man wird dadurch aber auch unkomplizierter und hat weniger Angst. Mich erschreckt heute nichts so leicht. Zudem war ich das jüngste von elf Kindern. Alle redeten immer auf mich ein und sagten mir, was ich zu tun hätte. Das wollte ich aber nie. Das hat in mir wohl den starken Drang entwickelt, von daheim weg zu gehen. Ich habe dann schon im Alter von 7 Jahren mein Zuhause verlassen. Mein Vater fragte uns damals, wer von uns nach St. Andrä, oberhalb von Brixen, zu meinem Onkel wollte. Es war mein Wunsch zu gehen. Seitdem bin ich nie mehr nach Hause zurückgekehrt. Mit 14 Jahren besorgte mir mein Vater dann eine Lehrstelle. Mit 16 Jahren war ich schon in Mailand. Das war für mich damals schlimm. Ich habe das erste Mal keine Berge mehr gesehen. Es war alles flach. Die Berge haben mir gefehlt. Natürlich haben mich die Berge geprägt. Auch in Bezug auf meine Eigenständigkeit. Ich wollte schon immer einen eigenen Betrieb haben. Die Selbstständigkeit war für mich schon immer ein hoher Wert. Ich habe mich am Beginn meiner Karriere gar nicht auf die Selbständigkeit konzentriert, sondern habe immer antizyklisch agiert. In New York könnte man mir bspw. ein Restaurant schenken. Da sind doch schon alle Restaurants vertreten. Warum sollte ich denn da auch noch hingehen, wo alle schon sind? Das interessierte mich nicht.

Als ich damals mit 3 Michelin Sternen im *Tantris* in München war, hat man mich geholt, um das *Tristan* in Mallorca weiter zu entwickeln. Mallorca hatte damals noch ein schlechtes Image als Urlaubsdestination. Es war eher Masse statt Klasse vertreten. Wenn mich die Journalisten interviewten, verwechselten sie Mallorca gerne mit Marbella, das damals zu den Hotspots des Jet-Sets gehörte. Mit der Entwicklung des *Tristan* zu einem internationalen Gourmettempel haben wir sicher positiv zur Steigerung des Images der ganzen Insel beigetragen. Die Medien berichteten über mich, das *Tristan* und die Insel. So wurde Mallorca bekannt.

Als ich dann das *Tantris* in München verlassen wollte, wurde mir angeboten, die Führung mit einer Gewinnbeteiligung zu übernehmen. Innerhalb von 4 Jahren habe ich aus einem Minus ein sattes Plus gemacht und natürlich auch gut mitverdient. Da ich immer ein eigenes Restaurant wollte, hatte ich nebenbei einen Makler beauftragt, für mich einen geeigneten Betrieb zu suchen. Mit 50 Jahren wollte ich in der Gastronomie nicht mehr angestellt sein. Wir haben dann ca. 3 Jahre überall geschaut. Im Tannheimertal, in Garmisch, in Niederbayern, und und und. Als der Makler meinte, er hätte ein schönes altes Projekt am Chiemsee, interessierte mich das nicht wirklich. An den Chiemsee wollte ich nicht. Meine Frau und ich waren dann zufällig irgendwann in der Gegend und sind nach Aschau an den Kirchplatz gefahren. Ich bin ausgestiegen und war überwältigt.

Sie wollten von München weg, weil Sie lieber wieder in die Berge wollten?

Winkler: Ja. Ich fahre gerne Ski und wollte deshalb in der Nähe von Bergen sein. Was mich vielleicht noch gereizt hätte, wäre die Wiesbadener Gegend am Rhein gewesen. Aber da hätte ich wieder so weit fahren müssen, um Ski zu laufen.

Was würden Sie sagen, machen die Berge aus? Was ist der Reiz an ihnen?

Winkler: Toll finde ich, dass die Welt hinter jedem Berg anders ausschaut. Das fasziniert mich. Das ist abwechslungsreich. Die Ebene macht einen ja verrückt. Da schaut alles immer gleich aus. Der Berg gibt der Welt einfach etwas Interessantes, etwas Majestätisches. Gleichzeitig, auf der anderen Seite, auch irgendwie immer wieder etwas Schützendes.

Aber die Berge begrenzen auch?

Winkler: Natürlich ist es immer gut, aus dem Tal rauszukommen und es einmal zu verlassen. Das ist sicherlich wichtig. Andererseits zieht es einen, wenn beruflich möglich, doch auch immer wieder zurück. In meiner Zeit in Amerika habe ich viele Auswanderer aus Deutschland getroffen. Aus Angst der deutschen Kultur nicht mehr zu entsprechen und den Anforderungen an Regulierungen und Vorschriften nicht mehr gewachsen zu sein, trauen sich heute viele nicht mehr zurück nach Deutschland. Wobei diese Kultur auch in Österreich und Südtirol zu finden ist.

Wenn Sie die Zukunftsfähigkeit des Wirtschaftsraums Alpen betrachten, was werden die größten Herausforderungen sein?

Winkler: Die größte Herausforderung liegt für mich eindeutig im Umgang mit den großen Lebensmittelkonzernen. Genmanipulierte Saat ist für mich die größte Gefahr, auch insgesamt die größte Gefahr für die Menschheit. Heute hat man ja noch keine Ahnung über die Auswirkungen. Das ist schlimm. Da sehe ich eine große Gefahr. Für mich ist sehr wichtig, dass die Politik hier rasche und effektive Maßnahmen setzt.

Man sollte sich auch selber nicht immer von der Wirtschaftlichkeit lenken lassen und auch nicht von Versprechen. Von allem, was einem selber nicht plausibel erscheint, sollte man die Hände lassen. Wunder gibt es keine. Oft wird Profit versprochen, aber in Wirklichkeit verliert man dann nur seine Eigenständigkeit.

Die Hotellerie bietet heute oft regionale Produkte aus der Landwirtschaft und Regionalküche an. Sehen Sie da Potenzial nach oben?

Winkler: Unbedingt. Das Oktoberfest ist für mich ein erfolgreiches Beispiel. Es verkörpert Brauchtum und hat sich einen weltweiten Ruf geschaffen. Der Alpenraum hat die riesen Chance, sich nicht zu sehr modernisieren zu müssen. Die kleinen traditionellen Strukturen, die Eigenarten und Besonderheiten müssen bleiben. Sie sind eine Seltenheit. Aus Österreich bspw. beziehe ich Hühner und Erdäpfel, die einfach und natürlich erzeugt werden. Der geschmackliche Unterschied ist enorm. In den Großmärkten der Lebensmittelindustrie sind diese natürlichen Geschmacksaromen nicht zu finden, da schmeckt alles künstlich und gleich. Diese Vereinheitlichung ist eine große Gefahr. Es darf nicht alles austauschbar werden. Wir müssen die Eigenheiten und Besonderheiten des Alpenraums erhalten. Auch unsere reinen Wasserquellen werden meiner Meinung nach die Zukunft entscheidend mitbestimmen.

Von Ihrer Herkunft als Bergbauernsohn bis zu Ihrer Entwicklung zum internationalen Top Gastronom haben Sie sehr viel erlebt und gesehen. In jüngster Zeit ist auch immer von einem Wertewandel die Rede. Können Sie solch einen Wandel auch feststellen?

Winkler: Wenn Sie mich diesbezüglich fragen, muss ich Ihnen ehrlich sagen, dass ich so ein Verhalten, wie bei unseren Gästen im Moment, noch nie erlebt habe. Ich meine damit diese ständige Angst- und Panikmache. Diese führt zu einer permanenten Verunsicherung der Menschen. Alle haben Angst. Ob der Euro morgen noch was wert ist, ob man wieder die Mark einführen soll, und und und. Die Menschen, und speziell der Deutsche, sind in dieser Beziehung auch leicht zu lenken. Derzeit investieren die Menschen nur noch in feste Werte, wie Immobilien oder auch Kunst. Sie vergessen dabei aber ganz darauf zu leben. Wenn morgen schlechte Zeiten kommen, dann geht sowieso nichts mehr. Ich sage immer: „Warum soll man denn eine gute Zeit schlecht reden?“ Wenn eine schlechte Zeit kommt, so wie in den Kriegszeiten, dann haben wir sowieso keine Chance mehr. Also, warum redet man sich denn etwas Schlechtes ein, was noch gar nicht da ist? Man soll ruhig die Zeit für sich selbst arbeiten lassen und nicht immer vorausdenken, was dann und dann sein könnte. Die Menschen übersehen dabei, wie viel Energie sie diesen negativen Dingen geben. Ständig wird negativ gedacht. Diesen Effekt sollte man nicht unterschätzen. Es heißt ja immer, kontrolliert eure Gedanken! Das wäre für mich das richtige Verhalten. Aber was derzeit passiert, ist für mich sehr unnatürlich.

Wie merkt man solch eine Negativstimmung in der Gastronomie?

Winkler: Das merkt man sehr rasch und unmittelbar. Es werden keine schönen Weine mehr getrunken. Alles soll plötzlich günstiger sein. Überall wird nach Prozenten und Ermäßigungen verlangt. Die Menschen verhalten sich unnatürlich und vergessen darauf zu leben. Solch ein Denken führt in unserer Branche sofort zu Problemen. In Italien z.B. hat man vielleicht auch ein bisschen zu viel gelebt und war für eine gewisse Zeit zu locker. Dementsprechend hart trifft es jetzt den Südtiroler Tourismus, der immer gut von italienischen Gästen gelebt hat.

Glauben Sie, dass diese negative Denkweise besonders in den Alpen verhaftet und vielleicht in den Großstädten nicht so ausgeprägt ist?

Winkler: Das sehe ich gerade umgekehrt! In den Großstädten ist es noch viel schlimmer. Da wurden ja die ganz großen Geschäfte gemacht. Damit meine ich vor allem die Scheingeschäfte. Es wurden Dinge verkauft, die es gar nicht gab. Die Menschen dort verloren völlig den Bezug zur Basis. Da ist man in den Alpen schon realistischer. Man will sich das, worin man investiert, auch mal zeigen lassen. Die Berge schützen einen auch vor zu viel Modernität und zu viel Neuzeit.

Wenn Sie hier Modernität ansprechen: wie wichtig ist in Ihrem Geschäft Innovation?

Winkler: Innovation ist für mich in zweifacher Hinsicht wichtig. Einmal ist sie lebensnotwendig für jedes Unternehmen und persönlich finde ich sie wichtig, damit man nicht stehen bleibt und alt wird. Das Wichtigste dabei ist, dass man auch eine bestimmte Unzufriedenheit in sich trägt. Wenn mir ein Mitarbeiter sagt: „Aber Chef, das haben wir immer so gemacht!“ Dann ist es für mich höchste Zeit, dass wir das ändern. Ich verstehe das auch in Bezug auf Tradition. Auch dieser Begriff wird aus meiner Sicht immer falsch interpretiert. Tradition heißt doch nicht, dass man das immer so weiterpflegen soll. In Wirklichkeit ist Tradition der Pioniergeist unserer Väter. Davon sollte man sich ein Beispiel nehmen, auch etwas beizutragen, auch seine Persönlichkeit mit einzubringen. Nicht einfach nur das nachahmen, was es schon gibt. Sonst müssten unsere Väter nach 200 Jahren sagen: „Mein Gott, was haben wir für Söhne in die Welt gesetzt! Denen fällt ja nie was Besseres ein, als das, was wir ihnen vorgemacht haben.“

Tradition ist also nicht das Verharren, sondern das permanente Erneuern?

Winkler: Das Alte soll man achten, schätzen und sich daran ein Beispiel nehmen. Wenn man „fesche Wadeln“ hat, darf man ruhig eine Lederhose tragen. Aber dann muss man auch etwas dazu tun und sich hinaus trauen. Man kann sich nicht hinter der Tradition verstecken. Das hielte ich für sehr gefährlich.

Abschließend gefragt: Haben Sie so etwas wie eine Formel für unternehmerischen Erfolg? Etwas, das Ihr persönliches Erfolgsrezept darstellt?

Winkler: Erstens einmal soll man sich ein bisschen Zeit lassen. Die jungen Leute brauchen die Zeit, sich zu entwickeln. Ich gebe auch dem Journalismus eine gewisse Mitschuld. Wenn ein junger Mensch heute irgendwo etwas gut macht, eine Forelle links und rechts ordentlich brät, dann hat er schon drei Seiten in irgendeiner Zeitung. Das halte ich für einen großen Fehler. Ich sage immer, lasst die Jungen endlich einmal kochen. Die Wenigsten vertragen diese schnelle Medienpräsenz und werden dann plötzlich großkotzig. Doch: „Wer beim ersten Stern schon meint, wer er ist, der wird nie drei Sterne bekommen." Ein Stern ist nur eine Zeichen dafür, dass der Weg richtig ist. Aber es ist immer besser, auch ein bisschen demütig zu bleiben. Man soll danach trachten, die Aufgabe und den Lebensunterhalt in der Arbeit zu finden. Ich koche ja nicht nur, um in irgendeine Zeitung zu kommen. Davon kann ich keinen Lebensunterhalt bestreiten. Wenn man vom Kochen lebt, muss man sich auf das Produkt und auf die Arbeit konzentrieren und das gut machen. Wenn man das richtig macht, kommt alles andere von alleine.

Beim Start meines Projektes hier am Chiemsee, haben mich viele für verrückt erklärt. Es war nicht leicht, eine Finanzierung zu erhalten. Eine Bank und einzelne Privatpersonen halfen mir, weil sie mir vertrauten. Sie sahen, wie ich das *Tantris* erfolgreich geführt hatte. Dieses Lokal hatte vor mir noch nie Gewinn gemacht. Weil ich das hingekriegt hatte, sagten sie: der kann das, den muss man nur arbeiten lassen. Einen besonderen Ausspruch eines Investors habe ich damals gar nicht so richtig verstanden: „Ich gebe dir Geld für Aschau, weil ich weiß, dass du nicht für Geld arbeitest, und darum wird das was." Das ist das Wichtigste. Man muss die Aufgabe sehen und nicht den Verdienst. Man muss ja einmal aus sich was machen. Und da muss man zunächst was lernen. Aber weil man Lasagne und Spaghetti ordentlich kochen kann, ist man noch lange kein Koch. Man muss sich intensiv in die Arbeit vertiefen und diese gut machen. Das Andere kommt dann schon.

Das bedeutet, Sie haben immer bewusst die Herausforderung und das Neue gesucht?

Winkler: Genau! Für mich war es immer eine Schreckensvorstellung, einmal 70 Jahre alt zu sein und sagen zu müssen: Hätte ich, hätte ich, hätte ich. Das wäre für mich das Schlimmste, was mir im Leben passieren könnte. Für mich war es immer wichtig, mich etwas zu getrauen. Ich habe schon mit 11 Jahren meinem Nachbarn die Hasen abgekauft und bin auf den Markt gegangen, um sie teurer zu verkaufen. Und waren es zunächst Hasen, verkaufte ich dann Schafe. Ich habe immer einen Blick dafür gehabt, was etwas wert ist. Der Blick war immer da. Schon mit 24 Jahren kaufte ich ein 3-Familien-Haus in Österreich, weil mir das Geld für eine Wohnung zu schade war.

Natürlich hatte ich auch schwierige Momente. Ich bin auch schon einmal 6 Wochen lang, um 3 Uhr in der Früh, schweißgebadet aus dem Bett gesprungen. Aber da fängt das Hirn dann an zu arbeiten und zu denken. Das kommt nahe an ein Überlebenstraining. Da ist man unheimlich fähig. Es fallen dir Dinge ein, die einem unter normalen Umständen gar nie eingefallen wären.

Dieses bewusste Suchen von Herausforderungen gehört absolut zu meinem Leben.

Reto Gurtner

Von Offenheit und „coolen“ Visionen

Den Alpen attestiert er ein hohes Zukunftspotential. Doch dazu müsse das touristische Angebot viel einfacher gestaltet werden. Es brauche Marktverständnis und ein positives Herangehen an den gegenwärtigen Paradigmenwechsel. Nicht das industrialisierte Skifahren, sondern sanftere Bewegung in einer intakten Bergwelt wird zum Zukunftsprodukt der „urbanen Laptopworker“, weiß Reto Gurtner. Dessen Erfolge gründen auf Beharrlichkeit, Mut und visionären Ideen.

---

*Der 1955 geborene **Reto Gurtner** studierte Betriebswirtschaft und Jura in St. Gallen, Bern und an der University of California in Los Angeles. Seine berufliche Laufbahn begann er 1977 im elterlichen Unternehmen. 1991 übernahm er von seinem Vater die Leitung der Bergbahnen Crap Sogn Gion in Laax und fusionierte sie 1996 mit den Bergbahnen Flims zur Weissen Arena Gruppe. Seitdem ist er auch Präsident des Verwaltungsrats. Reto Gurtner, der darüber hinaus in vielen Verwaltungsräten, beratenden Komissionen für Wirtschaftsfragen und der International Snowboard Federation tätig war, gilt als der Visionär und Architekt der Weissen Arena Gruppe, einem Unternehmen mit heute über 1000 Mitarbeitern und 90 Mio. CHF Umsatz.*

Herr Gurtner, wir leben in einer globalisierten Welt. Der alpine Raum steht vor großen Veränderungen. Welche Auswirkungen erkennen Sie für die Tourismusbranche?

Gurtner: Ich versuche die Dinge immer in einem globalisierten Kontext zu betrachten. Heute lebt über 50% der Weltbevölkerung in einem urbanen Umfeld. Bis 2050 werden es rund 75% sein. Urbane Räume entwickeln sich enorm positiv. Laute oder schädliche Industrie ist heute nicht mehr in globalen Zentren. Es gibt neuen attraktiven Wohnraum und auch ein großes kulturelles Angebot. Gleichzeit wird aber die Sehnsucht zunehmen, aus diesem urbanen Kontext auszubrechen. Für Urlaub und Tapetenwechsel gibt es zwei Möglichkeiten: das Meer oder, als Oberbegriff, die Alpen.

Ich glaube die Alpen haben eine enorme Chance. Es funktioniert meines Erachtens aber nicht mehr mit den heutigen Strukturen. Diese sind nicht auf einen globalisierten Tourismus ausgerichtet. Der alpine Tourismus ist extrem stark von Kleinstunternehmen geprägt. Daher braucht es Zwischenorganisationen, wie Fremdenverkehrsverbände. Dies ist aber diametral zu dem, was heute in der Globalisierung passiert. „Social Media" gibt es seit ca. 8 Jahren. Google seit 1998. Information ist heute gratis, überall und jederzeit erhältlich. Onlineshopping verändert den gesamten Detailhandel radikal. Die Menschen wollen zwar ein Shopping-Erlebnis, aber nachher bestellen sie über das Internet, weil das viel einfacher ist. Im Tourismus gibt es genau die gleiche Entwicklung. Der Mensch ist im Urlaub ja nicht ganz anders als in seinem normalen Lebensumfeld.

Die zentrale Frage lautet daher: Wie kann ich dem Gast mein touristisches Produkt so einfach wie möglich gestalten? Der alpine Tourismus ist im Kern im vorigen Jahrhundert, in den 60er und 70er Jahren, entstanden. Zwar hatte die Schweiz schon lange vorher eine Tradition im Tourismus (1874 wurde das Parkhotel in Flims gebaut), doch war dieses eine Art Grand Hotel-Tourismus der ersten Generation. Das Paznauntal oder Sölden sind dann die Destinationen der zweiten Generation, als der extreme Boom im Wintersport entstand. Es entwickelte sich eigentlich eine Massenindustrie, welche enormen Wohlstand in die Täler schwemmte. Jetzt sind aber die Destinationen der dritten Generation gefragt. Mit dem gegenwärtigen Modell geht es nicht mehr weiter. Dieses war zu 100% auf unsere Nahmärkte ausgerichtet. Also auf skifahrende oder Wintersport affine Menschen. Eine umstrittene Studie der Universität Köln zeigt auf, dass 50% von ca. 15 Millionen Wintersport affinen Menschen in Deutschland, diesen

Sport heute nicht mehr ausüben. Der Hauptgrund ist die zu große Vermassung und totale Industrialisierung. Das, was man eigentlich verkaufen wollte, nämlich die schöne Bergwelt, wurde in Südtirol und Tirol einem extremen Preiswettbewerb ausgesetzt.

Doch sind diese touristischen Kleinstrukturen überhaupt kompatibel mit einer globalisierten Welt, in der auch die Wachstumsmärkte nicht mehr bei uns liegen?

Gurtner: Was es uns vielfach schwer macht, ist der Umstand, dass Mobilität so günstig geworden ist. Der Gast kann heute weiter entfernte Destinationen wählen, von der Karibik bis nach Asien. Ein All inclusive Urlaub in der Türkei kostet ab Deutschland 400€. Das ist keine Zukunft für uns. Jetzt gibt es aber natürlich Touristiker die sagen, es brauche auch bei uns All inklusive Angebote. Das ist der falsche Weg. Das ist eine Preisstrategie und die kann nicht funktionieren. Im europäischen Kontext haben wir viel zu hohe Faktorkosten. Bei uns sind die Löhne zehn Mal höher als etwa in Asien. Die Arbeit ist dort aber nicht schlechter und Inder, die in Dubai arbeiten, sind genauso serviceorientiert wie unsere Mitarbeiter. Das ist keine Kunst, denn im Tourismus sind einfach erlernbare Fertigkeiten gefragt. Aus meiner Sicht kann man nur wachsen, wenn man internationaler wird. Wie gesagt, unser Produkt ist sehr kompliziert. Wenn ich etwa in London bin und schöne Winterbilder sehe und mir sage: „Hey cool, da will ich hin!" Flug, Hotel, Bergbahnen kann ich schon buchen, aber bei der Skischule am Urlaubsort fangen die Schwierigkeiten an. Zudem ein enormer Aufwand an Ausrüstung. Für eine vierköpfige Familie undenkbar. Viele Gäste sagen sich dann, nicht einmal preislich bedingt: es ist einfach zu kompliziert! Also fliegen sie direkt in die Karibik. Da brauchen sie nur eine Badehose. Im internationalen Kontext kann man sich nicht erwarten, dass sich Menschen aus Singapur oder Beijing diese extrem komplexe Wintersportausrüstung kaufen. Was sollen Sie mit der Ausrüstung das ganze Jahr über machen? Sind wir darauf vorbereitet? Nein! Wir haben extrem viele Kleinunternehmen. Unsere Sportgeschäfte wollen ihre Sachen zuerst einmal verkaufen, bevor sie diese vermieten. Der Zugang ist zu kompliziert! Das gilt auch für die Schülerskikurse. Wenn ein Lehrer die Ausrüstung, die Skischule und die Karten von der Bergbahn organisieren, verhandeln und bezahlen muss, wird es organisatorisch zu kompliziert und auch unbezahlbar. Und warum soll der Lehrer überhaupt die Schüler zum Skifahren bringen?

Welche Motivation soll er haben? Er hat doch nur Gefahrenpotenziale und Risiken.

Erschwerend kommt es, durch ein extremes Überangebot bei uns, zudem zu einem Preiskampf. In den USA kostet ein Liftticket im Durchschnitt 100 Dollar. In Österreich im Schnitt 40€. Das ist so lange gut gegangen, so lange der Markt gewachsen ist. Jetzt wächst er nicht mehr. Es wachsen nur mehr die Komfortansprüche bei den Liftanlagen. Früher kostete ein Lift unter 1 Million Euro und heute sind es 10 Million Euro. Man hätte somit eine Verzehnfachung der Skifahrer benötigt oder den Preis multiplizieren müssen, aber beides ist nicht geschehen. Jetzt ist die Branche an einem Wendepunkt angelangt und es wird starke Konsolidierungen geben.

Außerdem sind in der Vergangenheit enorm hohe Förderungen in die wirtschaftliche Entwicklung von alpinen Randregionen geflossen. Dies wird in Zukunft auch nicht mehr möglich sein. Der Wintersport wurde dermaßen aufgerüstet und mit den Preisen hat man nicht nachgezogen. Die großen und erfolgreichen Unternehmer werden diese Entwicklung überleben, da habe ich keine Bedenken, aber viele werden es nicht schaffen.

Sehen Sie hier unterschiedliche Entwicklungen in der Schweiz und in Österreich?

Gurtner: Es gibt schon länderspezifische Probleme. Österreich ist relativ stark lokal verbunden, da wird es schwierig, Konsolidierungen zu machen. Es gibt einige „Leader", die extrem gut arbeiten. Zum Beispiel hat Ischgl eine enorme Entwicklung hingelegt und besitzt zum großen Vorteil nur kommerzielle Betten. Es gibt eine Durchschnittsauslastung von über 12000 Menschen im Skigebiet. Das ist in etwa die doppelte Auslastung zu uns, obwohl unser Gebiet größer ist. Wir haben hier 6400 Ferienwohnungen mit ungefähr 25000 Betten, davon werden 80% nicht vermietet. Deren Eigentümer wollen und müssen nicht vermieten, da die Finanzierung relativ günstig ist. Das hat zwar den Vorteil dass es krisenresistenter ist, aber wachsen kann man damit nicht.

Die Schweiz ist zudem in Rückstand geraten. Es gibt nur wenige Orte, die infrastrukturell up-to-date sind. St. Moritz hat ein Top Image, die Infrastruktur ist aber total veraltet. Wir hier in Flims-Laax, sind vielleicht die einzigen, die mit der Betriebsstruktur auf dem modernsten Level sind. In der Schweiz ist es enorm schwierig, in der Hotellerie überhaupt eine gewisse Rentabilität hinzubekommen. Wir haben die weltweit teuersten Löhne im

Tourismus. Bei uns beträgt der Minimallohn 4000 Schweizer Franken, im Berggebiet minus 10% was dann 3600 Franken sind.

Zudem sind unsere Destinationen profillos. Mit sehr wenigen Ausnahmen machen alle dasselbe. Alle vermarkten neue technische Errungenschaften, wie 6er Sessellift, 8er Sessellift mit Haube und beheizt, etc. Das kommt aus einem technischen, herstellergetriebenen Verständnis. Das ist aber für den Gast nicht entscheidend! Das wäre das Gleiche, wie wenn man bei einer Konzerthalle sagt: „Ich brauche eine neue Bestuhlung, weil das Opernhaus hat auch einen neue Bestuhlung." Entscheidend ist aber doch was gespielt wird!

Es ist allerdings enorm schwierig, die Frage der Veränderung auf einer Metaebene zu diskutieren. Den Hotelier interessiert nicht, wer bei ihm schläft. Er will einfach seine Betten füllen. Ihm ist egal, ob der Gast Ski läuft oder mit dem Hund spazieren geht. Er denkt in seinem Businessmodell. Der Seilbahnunternehmer denkt in seinem Businessmodell. Er möchte Skifahrer, egal woher. Der Sporthändler wiederum möchte möglichst viel Umsatz machen und seine Sachen verkaufen. Wir haben also strukturelle Probleme. Solche Fragen in einer Destination zu diskutieren ist extrem schwierig, weil auch alle unterschiedliche Ausbildungen haben.

Sie haben das gelöst, da Sie in der Lage sind, Bergbahnen, Hotel, Skischule und Skihandel in einer Hand zu haben?

Gurtner: Das war meine vollendete Überzeugung, geprägt durch meinen Aufenthalt in Kalifornien. Dort hatte ich mir damals alle Skigebiete und deren Eigentümerstruktur angesehen. In Kalifornien gibt es nur den „Resort"-Gedanken. Das Skigebiet besitzt auch die Skischule, die Sportgeschäfte etc. Nicht wie bei uns, wo die Struktur historisch anders gewachsen ist. Ich hatte vor 15 Jahren versucht, diese Idee auch bei uns zu etablieren. Damals hatte ich alle 14 Sporthändler aus unserer Skiregion eingeladen und sie gefragt: „Wie können wir vielleicht ein Paket entwickeln, mit dem wir neue Skifahrer und neue Märkte ansprechen können?" Dabei ist die Vermietung sehr entscheidend. Ich kaufe mir ja nicht zuerst eine Ausrüstung, bevor ich weiß, ob ich Freude am jeweiligen Sport habe oder nicht. Also ist dieser Zugang der entscheidende Faktor. Von den 14 Sporthändlern haben 13 gesagt, dass es das nicht brauche, da dies kein Kundenbedürfnis sei. Nur einer, der auch etwas mehr gereist war, hat damals meine Einschätzung geteilt. Ich habe dann selbst eine Mietstation oben auf dem Berg errichtet. Mit den Sporthändlern die mit uns kooperierten, vereinbarte ich zwei Bedingungen: Erstens, der Gast kann die Ausrüstung zurückgeben, wo er will und nicht unbedingt dort, wo er sie ausgeliehen hatte. Zweitens, wenn der Gast irgendeine falsche Ausrüstung hat, muss er nicht mehr runter ins Tal, um das zu wechseln, sondern es gibt eine Wechselstation oben am Berg. So haben wir hier mit der Vermietung von Sportgeräten begonnen. Das war am Anfang hart.

Die Sportgeschäftevereinigung hatte den Importeuren gedroht. Wenn sie uns irgendeine Ausrüstung liefern, dann würden sie boykottiert werden. Da ich somit kein Material bekommen hatte, war ich gezwungen, dieses im Ausland zu besorgen. In Österreich und in den USA habe ich dann die Ausrüstungen zusammengekauft und nebenbei festgestellt, dass diese teilweise 20–50% günstiger waren, als in der Schweiz.

Auch bei der Skischule war der Start schwierig. Schischulen waren ursprünglich genossenschaftlich organisiert und historisch immer ein Gegenspieler der Bergbahnen. Wir gründeten gemeinsam eine kleine Gesellschaft mit 100 000 Franken Stammkapital. 50% der Anteile hielten wir von der Bergbahn, 40% die Ski- und 10% die Snowboardschule. Um zu verhindern, dass wir eine Kooperation mit einer anderen Skischule eingehen, hatte man uns eine Konkurrenzklausel aufgedrückt. Zu meinem Unverständnis. Sie hatten immer Angst vor der Entwicklung und haben nie die Chance gesehen. Sie dachten immer nur ans Verteidigen. Sechs Jahre später hatten wir die ganze Gesellschaft zu 100% übernommen und ihnen für ihre Anteile einen exorbitanten Preis bezahlt. Für ihre 40.000 Schweizer Franken erhielten sie 670.000 Franken. Aber wir mussten das machen, da sie immer nur ihre eigene „ärmliche“ Perspektive gesehen hatten. Sie wollten keine Preissteigerungen und meinten, dass alles viel zu teuer sei. Aber ich nehme doch auch nicht die billigste Skischule, den billigsten Professor, den billigsten Golflehrer. Es will doch jeder eine Marke und bezahlt dafür den Preis. Ich habe dann die Preise erhöht und innerhalb eines Jahres das Geld wieder verdient. Wir hatten auch nicht weniger Skischüler.

Es geht immer darum, dass das Heu der Kuh schmeckt und der Köder dem Fisch und nicht dem Fischer. Alle sprechen davon, aber niemand macht es dann. Im Endeffekt will der Bergler doch seine Heimat schützen.

Mit wenigen Ausnahmen ist das bei uns in den Bergen so. Die Menschen hier haben aber immer Angst. Nicht nur vor den Naturgefahren, sondern auch davor, dass man ihnen etwas wegnimmt. Doch der „Resort“-Gedanke war bei uns ein durchschlagender Erfolg. Vor allem aber war es auch die Möglichkeit uns zu internationalisieren.

Die Erfolgreichen sind also jene, die sich öffnen und internationalisieren?

Gurtner: Ja, alle die sich öffnen, sind meines Erachtens erfolgreich. Außer man hat ein absolutes Premiumprodukt, bei dem der Hotelier so stark ist und das Produkt durch seine Persönlichkeit so geprägt ist, dass es auch in einem schlechten Umfeld läuft. Da geht es dann um Innovation, Positionierung und Profilierung. Durch eine starke Profilierung verliert man zwar einerseits Gäste, gewinnt aber auch andere hinzu. Stammgäste zu verlieren, das trauen sich aber dann doch nicht viele. Oft muss man sich aber gerade von Stammgästen trennen, wenn man neue Wege gehen will. Stammgäste machen nicht jedes Jahr eine Preissteigerung mit. Will ich neue Märkte, muss ich mich auf dieses neue Gästesegment konzentrieren.

Stammgäste behindern also Innovationen?

Gurtner: Absolut. Das ist zwar ein bisschen überspitzt formuliert, aber tendenziell schon. Die Erwartungen der Stammgäste sind über Jahre hinweg gewachsen und oftmals sehr konservativ. Sie sind wenig offen gegenüber Neuem. Man darf sich aber einfach nicht von seiner Strategie abbringen lassen, das ist das Thema. Jeder Transformationsprozess ist für alle Beteiligten enorm hart. Mann muss daran glauben und das durchziehen können. Wenn ich Hoteliers, Sporthändler u.a. auf eine gemeinsame Vision bringen möchte, dann geht das nicht von heute auf morgen. Das ist ein Ding der Unmöglichkeit. Mein Riesenvorteil war vielleicht, dass ich bei den Laaxer Bergbahnen von meinem Vater klare Besitzverhältnisse übernahm und durch meine Internationalität während der Schulzeit mit einer anderen Perspektive an die Dinge heran gegangen bin. Es war dann schon die Frage, ob ich das machen soll oder ob ich alles verkaufe und mich auf unseren Metzgereibetrieb konzentriere wie mein Bruder, oder etwa Wirtschaftsanwalt werde. Mich hat es aber gereizt und mir macht es enorm viel Spaß. Ich wollte die gesamte Integration.

Mit dem Internet ist es dasselbe. 1994 habe ich die Seite laax.com online gestellt, und zwar in New York. In der Schweiz fand ich keinen Provider. Ich hatte das in den USA gesehen und fand es für den Tourismus cool und wichtig. Das habe ich dann den Hoteliers hier vor Ort gesagt, aber die meinten, ihre Gäste brauchen kein Internet. Da sagte ich, die heutigen Gäste vielleicht nicht, aber die in Zukunft. Wir eröffneten daraufhin ein Internetkaffee. Das war 1995 das erste Internetkaffee in Europa. Das war damals weit von Breitband Datenraten entfernt und hatte mich 3600 Franken pro Monat gekostet. Das war also kein Geschäft, aber es war auch nicht die Absicht, damit ein Geschäft zu machen. Es ging wieder um Glaubwürdigkeit, denn für die Jugend war das „cool".

Das Produkt muss immer wieder verbessert und optimiert werden. Man muss hinhören, was der Kunde will. Wir haben gesehen, dass wir Erfolg damit haben. In Graubünden ist der Durchschnittsgast im Winter über 50 Jahre alt. Hier bei uns in Laax haben wir ein wesentlich jüngeres Publikum. Im Durchschnitt sind unsere Gäste 38 Jahre alt. Das ist für mich der entscheidende Punkt: wenn ich die Jugend habe, dann ist die Wahrscheinlichkeit, dass sie mir als Gäste länger bleiben, viel größer. Wenn ich die Alten anspreche, dann habe ich eine ganz kurze Zeit und die Alten haben auch ihre Gewohnheiten und ihre Macken. Sie sind da nicht mehr so flexibel. Einen älteren Gast zu überzeugen, dass er von St. Moritz hierher kommt, das funktioniert nicht. Diese verlassen den Ort nur, wenn die Qualität nicht mehr stimmt und dann besteht zudem die Gefahr, dass sie zum Golfen in die Karibik gehen und nicht in einen Wintersportort.

Ihnen ist Internationalität sehr wichtig. Warum sind Sie denn im Ort geblieben? Was treibt Sie an?

Gurtner: Ich habe eine Familientradition und Potenzial gehabt. Ich wollte eigentlich immer Unternehmer sein. Ich war ein fanatischer Sportler. Ich habe das Skifahren geliebt, das Snowboarden und das Surfen. Ich liebte diesen Freiheitsbezug. Mich hat die Transformation gereizt. Einerseits hat man den Gast, andererseits den Einheimischen. Ich liebe die Berge und war zu freiheitsliebend und zu nonkonformistisch um in ein Großunternehmen einzusteigen.

Wie kam es zu Ihrem Snowboard und Freestyle Schwerpunkt?

Gurtner: Als ich in Kalifornien studieren durfte, hat mir die ganze Surfgeschichte sehr gut gefallen. Dieses „easy life, good sound, beach boy feeling" hat mir enorm zugesprochen. Für jemanden, der aus einem entlegenen Bergtal kommt, war das sehr faszinierend. Dazu kam das Skateboarden und so bin ich sehr früh in den 80ern in das Snowboarden eingestiegen. Alle Skigebiete verboten damals noch das Snowboarden. Ich dachte mir: „Wie könnt ihr einen Lifestyle, der so viel Spaß und Freude macht, verbieten?“ Wir waren dadurch immer die Ersten und haben uns immer weiterentwickelt. Heute sind wir in Europa die Nummer 1. Nicht nur, weil wir die „Olympia-Pipe" erfunden haben, sondern mit dem *Riders Palace* und der *Freestyle Academy* den gesamte Lifestyle Bereich entwickelt haben.

Heute bauen Städte Freestyle-Parks. In Stuttgart und Zürich werden dafür Millionen Euro investiert. Wir haben auf diesen Freestyle Trend schon früh gesetzt und heute läuft unsere *Freestyle Academy* sensationell. Wir haben massiv investiert, um unsere *Freestyle Kompetenz* zu unterstreichen. So haben wir über unsere Spezialisierung hinaus auch ein klares Profil im Freestyle Bereich erhalten. Wir fokussieren uns dabei immer auf die Jugend, ohne aber zu sagen, wir wären ein Familienskigebiet. „Familienskigebiet“ allein kann ich nicht verkaufen, da es zu langweilig, profillos und austauschbar ist.

Dem urbanen Raum müssen wir heute ein „sexy“ alpines Produkt für ihre Freizeitgestaltung bieten. Der überwiegende Teil der urbanen Bevölkerung ist heute ja nicht mehr körperlich aktiv. Das sind „laptop worker“, egal ob Rechtsanwälte oder Bankangestellte. Man arbeitet nur mehr digital am Schreibtisch, ohne körperliche Anstrengung. Unser Körper ist aber nicht dafür gebaut. Der verkümmert bei der jetzigen Entwicklung. Also gibt es zwei Möglichkeiten um sich fit zu halten: entweder mechanisch, ohne großen Spaß im Fitnesscenter, oder auf dem größten Spielplatz, den wir haben, in den Bergen. Wir haben diese monumentale Bergkulisse, wir haben Outdoor und extrem frische Luft: das müssen wir verkaufen! Es geht nicht nur um das Skilaufen, es geht um das Gesamterlebnis.

Sucht der Gast dann auch wieder verstärkt das Ursprüngliche in den Alpen, zum Beispiel in der Architektur?

Gurtner: Es gibt schon einen Markt für diesen Pseudo-Rustikalismus. Aber heute sucht der Gast mehr das Echte, das Authentische und nicht das „*Gefakte*“. Dieser Markt ist ausgeschöpft. Es kann schon alpine Architektur sein, aber authentisch. In der Vergangenheit haben vor allem die Deutschen und die Schweizer, die zu Hause in ihren industrialisierten, modernen

Wohnungen leben, die alten Hütten in den Alpen als gemütlich empfunden. Heute haben wir aber neue Märkte, wie Polen oder Russland, und die Gäste von dort wollen genau das Gegenteil. Ich muss ja ein Produkt für die neuen Märkte haben. Wir haben bspw. für das „rocksresort“ und dessen Apartments vom Steinbruch im Ort massive Materialien genommen und auf eine moderne Art interpretiert. Die Wohnung selbst muss nicht größer sein, aber sie muss gemütlich sein. Gemütlich heißt aber nicht einfach *alt*, denn nicht alles Alte ist gemütlich. Mit diesem Ansatz haben wir enormen Erfolg. Wir haben im „rockresort“ 85% Auslastung im Winter. Da gibt es wenige Hotels, die das von Anfang Dezember bis Ende April hinbekommen.

Wir versuchen ein Original zu sein, denn 80% der alpinen Destinationen schauen gleich aus, egal ob Zillertal, Ötztal, Paznauntal oder Berner Oberland. Da hat man keine Chance, da muss man mit dem Preis runter.

Jede Kopie vom Original hat weniger Wert als das Original. Wie können wir also ein *Original* auf unsere Art sein? Man darf natürlich nicht das ganze Spektrum nehmen, man muss in einem Bereich das Original sein. Das sind wir im Freestyle Bereich und da müssen wir auch die Besten sein: die verrücktesten Pipes, keine normalen Skilehrer in der Ski- oder Snowboard-schule sondern motivierte Freestyler, die Ihren Job mit Leidenschaft und Spass ausführen. Ein cooler Lifestyle dazu. Die Gäste suchen Kompetenz und sie suchen Gleichgesinnte zum Erfahrungsaustausch. Wir haben bspw. die Snowboardschule mit einem jungen Freak aus Zürich gemacht. Der kannte die Szene und hatte eine Abneigung gegen alles was traditioneller Skilauf und historisch war.

Sie haben in Ihrem Skiresort viele Veränderungen vorangetrieben. Der alpine Raum steht ebenso vor großen Veränderungen, etwa dem klimatischen Wandel.

Gurtner: Wir sind durch unser Modell erfolgreich gewesen. Heute sind immer exogene Faktoren schuld. Wenn ich mit der alpinen Bevölkerung rede, höre ich nie, dass man selber schuld ist. Das ist der heutige Gesellschaftsstil. Das können wir nicht verändern, aber wir haben sensationelle Werte. Wir haben frische Luft, wir haben die Bewegung. Das ist ein Megatrend für die Zukunft. Die Menschen brauchen die Bewegung, aber wir müssen das mit Inhalten füllen. Der Mensch ist faul, er hat einen inneren Schweinehund. Nur eine winzige Minderheit bewegt sich gerne. Wir müssen die Faszination einer körperlichen Fitnesskur ohne große

Anstrengung vermitteln: auf die Berge gehen, Fitness machen und frische Luft mit ein wenig körperlicher Anstrengung zu tanken.

Der Spieltrieb hilft uns hier auch. Er steckt im Menschen. Wir wachsen mit dem Spieltrieb auf, dann werden wir erwachsen und seriös, im Alter wird man dann wieder kindisch. Kinder und Alte haben einen „Smiley“ im Gesicht. Sie wollen Spaß haben und sind nicht gestresst. Alle anderen sind in unserer Gesellschaftsform auf Leistung konditioniert. In der Freizeit müssen wir dann doch nicht auch noch Leistungsdruck erzeugen. Zum Beispiel geht der ganze Skirennsport in den Leistungssport. Da hat keiner Spaß, da geht es nur um Tempo. Freeriden hingegen entspricht viel mehr dem Urbedürfnis des Menschen, dem spielerischen Zwang. Das versuchen wir zu inszenieren.

Sie geben den Alpen also insgesamt ein großes Zukunftspotenzial, egal ob mit oder ohne Schnee?

Gurtner: Ja, ich bin von einem großen Wachstum in den Alpen überzeugt. Ob mit Schnee oder ohne, das spielt keine Rolle. Aber man muss sich darauf vorbereiten. Momentan ist es zu kompliziert und wir haben keine Produkte. Einige Beispiele: Die Inder gehen in den Monaten April bis Juni während ihrer Monsun Zeit auf Urlaub. Da sind die Betriebe in unseren Bergorten geschlossen. Haben wir also ein Angebot? Nein. Die Chinesen verreisen hauptsächlich zu Ihrer Neujahrszeit Ende Januar. Da haben wir die niedrigsten Preise. Russen wollen wir zwar haben, aber die sind genau zwei Wochen während des russischen Neujahrs da. Da gibt es dann wieder Gäste, die sich über die Horden von Russen während dieser Zeit beschweren. Es ist immer eine Frage des Maßes und der Zeit. Man muss die Märkte besser verstehen.

Der Kontinentaleuropäer geht im Sommer nicht in die Berge. Das hat zu wenig Sexappeal. Außerdem hat er auch keine Wettergarantie. Wenn er von Stuttgart kommt, hat er das gleiche Wetter, wie hier in Laax. Wie können wir aber Gesundheit und frische Luft „sexy“ verkaufen? In China sehnen sie sich nach frischer Luft. Da sind 40 Million in einer Stadt – zum Beispiel Beijing. Die sehnen sich nach frischer Luft und nicht nach neuen Städten. Wir müssen in den Alpen eine Gegenwelt produzieren.

Das Gegenmodell wäre aber vielleicht auch, im alpinen Raum nicht nur auf Tourismus zu setzen, sondern auch Produktionsstandorte zu forcieren?

Gurtner: Das wird aber schwierig sein. Ich glaube ein zweiter Trend, der mit der Globalisierung eng verknüpft ist, ist jener der *Manufaktur*. Die Leute wollen das Echte. Es geht darum, etwas lokal Spezifisches zu haben. Wir haben heute Milch und Joghurt irgend woher aus einer Zentrale. Wir müssen versuchen, wieder vor Ort zu produzieren. Da braucht es den Tourismus. Landwirtschaft und Tourismus sind ideal um eine Produktvielfalt zu erzeugen. Was wollen wir denn im Ort haben? Wir werden im Vergleich zu den Städten immer ein zweitklassiges Shopping haben. Daher bringen wir die Gäste in 1½ Stunden Fahrzeit nach Zürich und bieten ihnen so eines der größten Shoppingparadiese in Europa. Wir brauchen also spezifische Sachen, die man hier vor Ort macht und braucht.

Die Seilbahnen sind meistens die Innovationstreiber, welche den Ort maßgeblich weiterbringen?

Gurtner: Ja, das glaube ich auch. Seilbahnen sind eigentlich die Motoren im Bergtourismus. Es gibt einige Kollegen, die sich wirklich Gedanken machen, bspw. ein Jack Falkner mit der Idee Schneehallen in Ballungsgebiete zu bringen. Wir haben das vor 10 Jahren in London auch versucht. Das ist komplett schief gegangen. Wir wollten die Leute abholen, dass sie in den Städten das Skilaufen erlernen und dann in die Berge kommen. Heute haben wir mit der Freestyle Academy viel mehr Erfolg. Jetzt wird eine Halle in Stuttgart und eine in Dubai gebaut und auch in Moskau wollen sie eine Schihalle. Lediglich Hallen zu bauen funktioniert aber nicht. Man muss den Bezug zum Freestyle bieten. Im Tourismus muss man oft den Mut haben, zwei Schritte nach vorne und einen zurück zu gehen. Das ist besser, als abzuwarten. So bewegt man sich wenigstens. Auf Erfolgreiches zu warten und das zu kopieren, das funktioniert doch eh nie.

Wir versuchen zum Beispiel, den Berg völlig neu zu konfigurieren. Wir machen mehr „Beginner Pisten“. Diese Investition wird nicht unmittelbar eine Wirkung haben, aber in fünf bis zehn Jahren. Ich kann dann garantieren, dass jemand in drei Tagen Skilaufen lernen kann.

Wir starten solche Revolutionen und machen einfach gute Geschichten. Das ist der entscheidende Punkt. Immer wieder zu schauen, was die urbane

Bevölkerung will, nicht die heutigen Skifahrer. Wenn ich eine Umfrage bei den heutigen Skifahrern mache, dann habe ich eine falsche Aussage für die Zukunft. Die werden nämlich wegbrechen. Wir müssen das Neue finden und neu gestalten, damit wir diesen Sexappeal wieder zurück in den Wintersport bekommen. Früher war Skifahren „cool". Das fehlt heute. Heute ist das eine Vermassung. Es wird nur mehr über die Preise und über die Anzahl der Pistenkilometer diskutiert.

Zum Abschluss: was würden Sie als Ihr persönliches Erfolgsrezept bezeichnen?

Gurtner: Zunächst einmal, dass wir investiert haben. Nicht nur einmalig, sondern über eine längere Zeit und so konsequent unser Unternehmen weiter ausgebaut haben. Das war entscheidend. Vielen fehlt der Mut. Es braucht aber Mut und Durchhaltewillen über Jahre hinweg. Man muss an eine Sache glauben und in Kauf nehmen, dass man am Anfang nicht erfolgreich ist. Alle erfolgreichen Unternehmer haben Beharrlichkeit, Beharrlichkeit und nochmals Beharrlichkeit.

Alpine Industrie

Bergisel Innsbruck

Über Wandel, Emotionen und Wettbewerb
Karl Christian Handl

Von der bewussten Bewegung in die Unsicherheit
Anton Seeber

Mit konsequenter Nachhaltigkeitsstrategie zum Spitzenprodukt
Karl Zünd

Karl Christian Handl

Über Wandel, Emotionen und Wettbewerb

Im Spannungsfeld von Handwerkstradition und industrieller Fertigung ist Karl Christian Handl gefordert, ein emotional klar in den Alpen beheimatetes Produkt, unter veränderten Ernährungsgewohnheiten, am Markt zu platzieren. Effizienzprozesse, europäischer Wettbewerb und Facharbeitermangel sind nur drei Schlagworte, denen mittels neuer Marketingstrategien und durch den Einsatz modernster Produktionsmethoden begegnet wird. Dabei ist es ihm wichtig, Chancen und Risiken „weltoffen“ zu sehen.

Karl Christian Handl *leitet seit 2011, gemeinsam mit seinem Bruder Markus, als geschäftsführender Gesellschafter die Geschicke des Familienunternehmens Handl Tyrol. Der ausgebildete Ingenieur für Lebensmitteltechnologie wurde 1971 in Pians geboren und schloss 2006 seine Management-Ausbildung mit einem MBA an der HULT International Business School in Boston ab. Bereits seit 1992 war der verheiratete Vater von zwei Kindern in verschiedenen Positionen im Unternehmen tätig. Von 2000 bis 2011 als Geschäftsführer Produktion. Das Familienunternehmen Handl Tyrol wurde 1902 gegründet und hat heute über 500 Beschäftigte.*

Herr Handl, wir sind hier beim „Echten Nordtiroler". Sie braucht man wahrscheinlich gar nicht zu fragen, ob der Alpine Raum etwas Besonderes ist?

Handl: Für mich ist der alpine Raum die Wurzel. Natürlich sprechen wir im Unternehmen primär von Tirol. Aber wenn man weiß, wie Tirol besiedelt wurde und woher die Menschen, die in unserem Land leben, kommen, muss man dies immer als den „alpinen Raum" sehen.

Auch in unserem Markenbild spielt der alpine Raum eine wichtige Rolle (Tirol, Südtirol, Teile von Bayern, Salzburg, Schweiz). Wir nennen ihn die „emotionale Heimat". Auch wenn wir Tirol als „die Herkunft" bezeichnen und dabei noch spezifisch das Tiroler Oberland hervorheben.

In der Darstellung unserer Produkte versuchen wir auch Wertecharakteristika einzubauen, die insbesondere für Tirol und den alpinen Raum gelten. Menschen, die ehrlich und bodenständig sind, einander vertrauen, hart arbeiten, erfolgreich sind und in einer intakten Natur leben. Wir versuchen sozusagen, als „Botschafter der Tiroler Genusskultur", Themen auf Grundlage unserer historischen und traditionellen Basis aufzugreifen.

Speck ist ein Produkt, welches sehr stark für den alpinen Raum steht und dadurch auch sehr stark mit traditionellen Wurzeln verbunden wird, z.B. mit „Handschlagqualität". Ich bin sehr viel international unterwegs. Dort verstehen viele Menschen nicht, dass es möglich ist, Geschäfte nur auf gegenseitigem Vertrauen aufzubauen. Für mich und uns ist das aber selbstverständlich. Für Unternehmen im alpinen Raum würde ich die „Handschlagqualität" sogar als einen grundsätzlichen Wesenszug beschreiben. Speck kommuniziert natürlich auch die traditionelle bäuerliche Küche. Doch dahinter steht auch die frühere Not der Bauern. Das Produkt ist entstanden, da man durch das Suren und Räuchern Fleisch haltbar machen konnte. So hatte man das ganze Jahr hindurch etwas zu essen.

Wir versuchen derzeit diese urtypischen Tiroler Produkte in die heutige Zeit zu transformieren. Aber wir achten sehr darauf, immer den Zusammenhang zum alpinen Raum, aus dem wir kommen, zu behalten. In Produkten gesprochen heißt das, ein Convenience Produkt, wie eine Currywurst oder Frankfurter Würste, passen nicht in unsere Angebotspalette. Diese können in Wien, in Norddeutschland oder in Süditalien produziert werden. Speck und Rohwürste haben für mich eine „tiefere Heimat". Sie haben eine jahrhundertelange Tradition.

Sie versuchen also immer, die Geschichte des alpinen Raums mit Ihren Produkten zu kommunizieren, um auch entsprechende Emotionen zu wecken?

Handl: Ja, wir verkaufen unsere Produkte natürlich auch sehr stark international. Dabei stellen wir dieses: „Werde Tyroler“, „komm auf den Geschmack, Tyroler zu werden“ her und schaffen auch eine emotionale Verbundenheit. Die historische Bezeichnung „Tyrol“ stellt hier auch eine Verbindung vom heutigen „Tirol“ zum modernen, englischen „Tyrol" her. Berge, satte grüne Wiesen, blauer Himmel. Wir ändern diesbezüglich auch gerade unser optisches Erscheinungsbild. Teilweise wurden wir in der Vergangenheit mit Bildern von schroffen, kargen, harten alpinen Situationen, mehr als *Bergvölker* identifiziert. Wir versuchen das jetzt ein bisschen zu öffnen. Die Berge werden in unserem Auftritt mehr in den Hintergrund treten und im Vordergrund lieblichere Landschaften und Sonne gezeigt. Gleichzeitig positionieren wir uns mit verschiedenen Produktgruppen als „Das Tor zum Süden“. Und wir haben sogar eine Gruppe, die sich das „Alpensortiment“ nennt. Das wird eine Auswahl an südlich, milderen Südtiroler und würzig, deftigeren Nordtiroler Speck- und Wurstwaren. Aber bei allen unseren Produktentwicklungen bleiben wir im Zusammenhang mit dem alpinen Raum. Man wird bei uns nie eine Currywurst finden, das wäre aus dem Kontext gerissen. Wir haben uns aber getraut, mit Chili zu arbeiten, denn es gibt einen Trend zu schärfer gewürzten Produkten, vor allem im Snackbereich. Aber wir versuchen auch dabei immer, die Wurzel unserer regionalen Herkunft zu sehen. Also nicht „Kräuter“, sondern „Alpenkräuter“. Und eben nicht „Pfeffer“, sondern „Bergpfeffer“. Ok, es gibt in Tirol keinen Pfeffer, aber wir haben in Neuseeland welchen gefunden. Der wächst auf 1500 Metern Seehöhe und heißt „Bergpfeffer“. Solche Geschichten versuchen wir einzubauen. So wird der gesamte Alpenraum zu unserer Spielwiese. Aber, wir bleiben immer im Speck- und im Rohwurstbereich und werden uns auch aus diesem Bereich nicht hinausbewegen. Für unsere Produkte und unsere Firma ist das „storytelling“ ein sehr wichtiges Thema. Deshalb sind uns die Verbundenheit zum alpinen Raum und auch die Geschichten, über die Entstehung und Herstellung unserer Produkte, wichtig. Was wir aber tun werden, ist den Speck mehr in der Küche zu positionieren. Unter dem Arbeitstitel "Speck in der Küche" haben wir bereits einige Produkte am Markt (z.B. Würfel und Streifen). Wir werden dazu noch einiges entwickeln. Guter Speck gibt durch Geschmack und Aroma dem Gericht einfach eine besondere Note.

Wir bekommen diese „alpinen Werte“ wie Ehrlichkeit, Handschlagqualität, Heimat, harte Arbeit, usw. bei vielen Gesprächen bestätigt. Aber all dies hat ja eher mit „kargem Leben“ denn mit Genuss zu tun.

Handl: Hier muss man zwei Dinge beachten: die Herkunft und die Herstellung. Unser Ur-Markenkern steht einfach für Heimat. Natürlich steht das auch für ein ursprünglich karges und armes Bauernland. Tirol als unsere Heimat, werden wir auch nie verlassen. Aber wir tasten uns an die verschiedenen Zonen in unserem Umfeld heran und versuchen, Produkte in unseren Kontext zu stellen. Was die Herstellung anbelangt, so müssen die Rohstoffherkunft, die Rezepturen und die Inhaltsstoffe immer mit der Basis zusammenstimmen. Das ist eine klare Linie. Es gibt Großkunden die manchmal vorschlagen: „Gebt doch einen Geschmacksverstärker hinzu oder macht es schneller.“ Dann sage ich: „Geht zu denen, die das machen.“ Das hat keine Heimat, das ist heimatlos.

Wir diskutieren derzeit aber auch unsere Werkstruktur und fragen uns, wie eine wettbewerbsfähige Produktion in Zukunft ausschauen wird. Die muss noch moderner, energieoptimierter und noch effizienter werden, aber auch Bereiche einer „Manufaktur“ enthalten. Man kann sich das als Außenstehender vielfach gar nicht vorstellen, was da in unserer Branche passiert. Das ist nicht so primitiv, wie man vielleicht denkt. Da steht schon sehr viel Technologie, sehr viel Mechatronik und High-Tech dahinter. Um im Markt bestehen zu können, braucht es permanente Weiterentwicklungen.

Das war sicherlich vor dem EU-Beitritt Österreichs anders. Aber seitdem sind die Schranken hochgegangen und wir müssen uns in einem großen und umkämpften Markt behaupten. Da nützt es nichts, wenn ich nur auf meiner Insel bin und behaupte, nur was wir machen ist das Beste. Ich muss auch von außen einmal auf unseren Betrieb schauen und sagen: „Ok, da werden wir was tun müssen, da werden wir leistungsfähiger werden müssen, da werden wir effizienter werden müssen.“ Das sind im Grunde klassische, knallharte Effizienzprozesse. Doch auf der anderen Seite braucht es auch immer wieder das Predigen unserer Botschaft, woher wir kommen und wo unsere Wurzeln sind.

Neben dieser Dynamik im Europäischen Markt und dem ständigen technologischen Wandel, sind Sie auch mit dem Spannungsfeld Tradition - Moderne sowie einem geänderten Gesundheitsbewusstsein mit neuen Ernährungs- und Lebensstilen konfrontiert. Wie äußern sich diese Trends im Kundenverhalten?

Handl: Es ist ein völliger Unterschied, ob man heute mit einem 70-Jährigen, mit einem 40-Jährigen oder mit einem 20-Jährigen über Speck spricht. Das sind drei komplett verschiedene Bild- und Themenwelten, auch wenn vielleicht die Tradition noch das Verbindende wäre. Fleisch ist grundsätzlich sehr wertvoll für unsere Ernährung, wird aber vom Konsumenten sehr unterschiedlich wahrgenommen. Wir versuchen auf genau diese Themen eine Antwort zu geben. Sei es die lückenlose Rückverfolgbarkeit unserer Rohstoffe und die heimische Herkunft, abgesichert über das AMA Zeichen, oder durch fettreduzierte Specksorten mit nur 3% Fettgehalt. Wir bewegen uns als "Traditionalist" zunächst in einer eher konservativen Produktwelt, der klassischen Schinkenspeck-Konsumenten. Aber natürlich versuchen wir auch zeitgemäß aktiv zu sein. Gerade für die jüngere Generation, aber gleichermaßen auch für die "bewussten Genießer", haben wir mit dem leichten Schinken oder dem leichten Karree bei 3% Fettgehalt, 40% weniger Salz, mit weniger Rauch, eine völlig neue Kategorie geschaffen und können mit dieser bei heimischen wie auch internationalen Kunden punkten.

So eröffnen wir als *Wegbereiter* innovative und zeitgemäße Produktkonzepte aus Tirol, gerade für moderne und bewusste Konsumenten.

Diese wollen wir mit Innovationen ansprechen, welche völlig neue Produkte und Produktkategorien bilden. Etwa themenbezogen Speck zur Melone oder zum Weinherbstschinken, sowie Speck zum Spargel. Jeder kennt Spargel und Prosciutto, aber es gibt auch viele die sagen, sie möchten nicht immer Prosciutto, sie möchten etwas Deftigeres. Hier haken wir ein und kreieren neue emotionale Welten. Das sind dann Erlebnisse mit allen Sinnen. Dafür müssen wir aber auch unsere Bild- und Farbsprache verändern. Der Kontext zu unserer Herkunft darf aber nicht verlassen werden. Wir versuchen daher immer zu zeigen: „Das sind wir! Das kommt aus unserer Überzeugung und auch unseren Erfahrungen."

Was sind das für Größenordnungen? Wie viele verschiedene Produkte haben Sie in Ihren Welten?

Handl: Nicht so viele. Ich würde sagen 50 Grundartikel. Unsere klassischen fünf Produkte sind die fünf Teile vom Schwein, welche auch früher schon so von den Bauern zu Speck verarbeitet wurden: Schinken, Bauch, Karree, Schopf und Schulter. Diese Produkte haben die Europäische Klassifizierung „Tiroler Speck g.g.A." (geschützte geographische Angabe). „Tiroler Speck" ist neben der „Wachauer Marille" und dem „Steirischen Kürbiskern Öl", eines der wenigen g.g.A. Produkte. Der Tiroler Bergkäse hat die Klassifikation „g.g.U." (geschützte geographische Ursprungsangabe). Da muss auch die Milch aus Tirol sein. Beim Speck ist das nicht möglich, aber wir haben seit vielen Jahren sehr enge Partnerschaften mit Unternehmen in der Steiermark sowie Oberösterreich und führen seit Ende 2010 das AMA Gütesiegel auf all unseren Speckspezialitäten. Trotz dieser traditionellen Grundausrichtung sind aber 20-25% unserer Produkte nicht älter als 3 bis 5 Jahre.

Bei der Erneuerung Ihrer Werkstruktur soll neben der Steigerung der Effizienz auch der „Manufaktur-Gedanke" eine wesentliche Rolle spielen. Was ist damit gemeint?

Handl: Die Herausforderung liegt darin, unsere Handwerkstradition im Sinne eines „Manufaktur-Gedankens" zu erhalten.

Das Handwerk des Metzgers ist eine aussterbende Zunft. Vielleicht eine Handvoll Lehrlinge und entsprechend wenige Meisterabschlüsse gibt es derzeit in Tirol pro Jahr. Unser neuer Betrieb soll daher nicht nur eine moderne Produktionsstätte, sondern auch eine Ausbildungsstätte für junge Menschen werden. Weiters soll auch eine „Speck Erlebniswelt" entstehen, in welcher Kunden unsere Produkte und die Herstellung sehen und mit allen Sinnen erleben, riechen und schmecken können. Wir haben ja Millionen Urlaubsgäste in unserer Region. Speziell ihnen wollen wir dadurch vermitteln, was wir machen. Gleichzeitig wollen wir mit dieser Erlebniswelt, ähnlich der bäuerlichen Tradition, unser Wissen von Generation zu Generation weitergeben.

Hier prallen allerdings Welten aufeinander. In der Welt der Lebensmittelindustrie geht es oftmals nur um Masse, Volumen und Geschwindigkeit. Es dreht sich um Vorschriften, um Normen und um Automatisierung. Doch beim traditionellen, handwerklichen Produkt ist „slow down“ gefragt. Das ist auch die Welt, die wir aufrecht erhalten müssen. Das ist unsere Ursprungswelt. So sehen wir uns sehr wohl als Innovatoren. Wir sind Traditionalisten auf der einen Seite und Wegbereiter für neue Themen auf der anderen Seite.

Das sind viele sehr spannende Ansätze. Wie kommen Sie denn zu diesen neuen Ideen?

Handl: Sicherlich liefern hier die Kunden die wertvollsten Impulse. Kunden, die sich mit unseren Produkten, unseren Themen und unserer Story beschäftigen. Aber auch ein sehr markt- und produktorientiertes Team ist laufend mit diesen Themen beschäftigt.

Sie betreiben klassische Marktforschung?

Handl: Wir sprechen sehr viel mit den Kunden. Einerseits direkt in unseren eigenen 20 Speckstuben, da wir dort wirklich am Puls des Kunden sind und indirekt über die Einkäufer unserer Handelspartner, welche unser Produkt im Vergleich mit anderen sehen und uns auch viele wertvolle Inputs geben. Einen völlig neuen Ansatz verfolgen wir nun mit einer Tiefenpsychologin. An verschiedensten Orten, etwa in Frankfurt, Wien, München, und auch in ganz Tirol, führten wir diese Tiefeninterviews mit unterschiedlichsten Personen durch. Dadurch erhielten wir ein noch viel klareres und verständlicheres Bild unserer Konsumenten. Deren Emotionalität zu verstehen, ist ein wesentliches Element unserer Markenführung. Für uns haben diese Interviews daher viel einen größeren Wert als klassische Meinungsumfragen, da sie tiefer, bis in das emotionale Urelement reichen.

Herr Handl, Sie sind nicht nur international viel unterwegs, sondern haben auch selbst längere Zeit in Amerika gelebt. Welche Erfahrungen haben Sie mit in den Betrieb gebracht?

Handl: In erster Linie die Erfahrung, dass ich noch stolzer auf unser Land bin. Auch wenn es in Italien und den USA gut zu leben ist, ist es für mich in Summe hier bei uns am Besten und das hat nicht nur mit der Familie zu tun. Es ist ein „Wohlfühlgefühl“ und eine wirklich tiefe Verwurzelung mit Erinnerungen, Emotionen, Gefühlen, Menschen und der Region.

Vor meiner Zeit in Amerika war ich bereits fünf Jahre in Wien und zehn Jahre in der Firma tätig. Für mich war es ein wichtiger Schritt, international mehr Menschen kennen zu lernen und zu erfragen, wie sie uns sehen. Zum Beispiel haben wir in London mit internationalen Studenten eine Verkostung durchgeführt. Da waren Philippiner, Chinesen und Japaner dabei, quer durch die ganze Welt. Bei diesem simplen Projekt kamen spannende Ergebnisse zutage. So etwa völlig neue Snack-Konzepte für Speck, oder Studentenfutter kombiniert mit Speckchips. Wir essen Speck meist mit Käse und Brot. Man kann Speck aber auch moderner essen, zum Beispiel mit Nüssen oder getrocknetem Tiroler Apfel. Es ist für mich wichtig, Chancen und Risiken völlig weltoffen zu sehen. Nur wenn man sich aus der Komfortzone hinaus bewegt, findet man Neues. Das war eigentlich auch meine Motivation nach Amerika zu gehen. Nochmals weiter weg, nochmals weiter raus. Bewusst die Distanz aufbauen.

Unser Vater sagt immer, er war erst der Missionar hier in Tirol und Vorarlberg, dann in Wien und Deutschland. Heute agieren wir schon etwas größer. In der Schweiz, in Italien, in den BeNeLux Ländern, im Norden und im Osten. Die Übersee Märkte sind der nächste Schritt für unser Unternehmen. Das braucht aber Zeit. Wenn ich sage, jetzt kommen wir mit Tiroler Speck nach Amerika, dann kennt dort uns und auch Tirol kein Mensch. Es geht darum, eine "story" zu entwickeln. Eine „story" aus den Alpen. Das ist unsere Mission, unsere Botschaft. Dadurch haben wir jetzt die ersten Kontakte geknüpft und auch die ersten Grundlagen für einen Markteintritt geschaffen.

Was ist für Sie beim Markteintritt wichtiger: den Bezug zu Tirol, oder zum alpinen Raum zu betonen?

Handl: Ich sehen das in Abhängigkeit von der Distanz. Die Tiefenpsychologie hat uns zum Beispiel gezeigt, dass wir in Österreich klar als Tiroler positioniert sind, egal ob in Salzburg, Niederösterreich oder Wien. In Deutschland ist es anders. In Frankfurt unterscheiden Konsumenten vielleicht noch Nord- und Südtirol, aber dann, ab einer Distanz von ca. 500 Kilometer spielt das keine Rolle mehr. Mit steigender Entfernung wird der Kontext größer. Je weiter man sich von Tirol entfernt, desto wichtiger wird der „Alpenraum" Kontext.

Sie versuchen mit ihrer geplanten „Speck Erlebniswelt“ gezielt Touristen anzusprechen. Welche Rolle spielen für sie Kooperationen mit dem Tourismus?

Handl: Der Tourismus ist für uns ein ganz wichtiges Medium. Die Menschen kommen hierher in den Urlaub, lernen unsere Produkte kennen und sollen diese ja dann zu Hause wieder kaufen. Erstkontakte mit den Konsumenten geschehen über die Speckstuben in den Tourismusorten. Daher auch unser klares Bekenntnis zu diesen Standorten. Weiters haben wir Kontaktpunkte an allen Ost-West und Nord-Süd Straßenverbindungen in Tirol, dem Flughafen und den Bahnhöfen. Im klassischen Werbebereich gehen wir Kooperationen mit Touristikern ein. Zum Beispiel schalten wir Anzeigen auf den touristischen Buchungsplattformen und sind in den Tourismusverbandsmagazinen und Talprospekten vertreten. Zudem können wir in Kooperation mit dem Red Bull Media House (u.a. „Servus Magazin“) gerade im Alpenraum sehr gezielt unsere Konsumenten ansprechen. Wir versuchen also über alle Kanäle unseren Gast und Konsumenten zu begleiten.

Forcieren Sie auch die Eventschiene, etwa durch die Veranstaltung eines „Genussfestes“?

Handl: Wir wollten einmal ein „Tiroler Speck Fest“ nach dem Vorbild Südtirols initiieren, sind aber als Industriebetrieb zu polarisierend und letztlich gescheitert. Für Gastronomen und Köche machen wir daher eine Hausmesse, in einem Kontext, in dem man den Genuss erleben kann. Mit gutem Wein, Speck und Käse. Gleichzeitig ist dies eine wichtige Netzwerkveranstaltung für viele Köche und Gastronomen, welche wir ja, von meinem Bruder Markus geleitet, über unsere "Gastroservice" in Tirol und Vorarlberg betreuen.

Abschließend würde uns Ihr Blick auf den alpinen Raum interessieren. Was sind für Sie die größten Herausforderungen für die Wettbewerbsfähigkeit und den Lebensraum Alpen?

Handl: Die Mitarbeiter. Das ist sicher eine zentrale Herausforderung. Wir müssen es schaffen, gut ausgebildete und qualifizierte Menschen für unsere Region zu begeistern. Einige hochqualifizierte, junge Menschen kommen, einige gehen wieder. Nur wenige bleiben. In meiner Branche ist es besonders schwierig. Viele qualifizierte Mitarbeiter sehen unseren Betrieb als Sprungbrett nach Wien oder zu einem größeren Konzern. Es muss mir also gelingen, meinen Mitarbeitern ein attraktives und tolles Lebensumfeld zu bieten. Der Wohnungsmarkt bei uns in Landeck ist im Vergleich zu Bayern oder einigen Randbezirken Wiens leider wenig attraktiv. Wir müssen den gesamten Wohnraum attraktiver machen. Unser Freizeitangebot in Tirol ist unschlagbar toll, aber es muss leistbar bleiben und das Preisniveau wird hier natürlich vom Tourismus angetrieben. Auch ich kämpfe bei den Löhnen zum Teil mit dem Tourismus. Unsere Hilfskräfte verdienen im Tourismus oft mehr als bei uns. Wir schaffen es nicht über die Lohnkosten. Da wir also mit monetären Mitteln nicht mithalten können, müssen wir danach trachten, dass wir hohe soziale Standards im Unternehmen sowie einen hohen Lebens- und Freizeitwert außerhalb der Firma bieten und dadurch am Arbeitsmarkt attraktiver sind. Das ist die einzige Idee, die ich momentan dazu habe. Wir haben einige Mitarbeiter im Betrieb, die wirklich nur wegen der Lebensqualität der Region hier arbeiten.

Die zweite Herausforderung wird das Thema Unabhängigkeit sein. Wir müssen weniger Energie verbrauchen, Ressourcen schonen und Verantwortung für die Umwelt übernehmen. In unserem konkreten Fall bedeutet dies, dass wir, obwohl es nicht so schlimm ist, was wir an Holzrauch emittieren und dies etwas völlig anderes als Diesel- und Ölrauch ist, letztlich den Rauch völlig wegbekommen. Wir müssen die Themen Nachhaltigkeit, Umweltschutz und Energieeffizienz voll nutzen. Das ist die einzige Chance, die wir gegenüber anderen Standortnachteilen haben. Ja, wir haben Standortnachteile, die wir nicht wegzaubern können, wir haben aber auch viele Standortvorteile, die es mehr zu nutzen gilt.

Die dritte Herausforderung liegt für mich darin, über den Tellerrand zu blicken. Der Tourismus ist in unserer Region ein Zugpferd, keine Frage. Die Industrie ist genauso wichtig, aber der Tourismus ist standortgebunden. Wir hängen wirtschaftlich am Tourismus, im Sinne des „story tellings“. Für mich ist ganz klar, dass der Tourismus gestärkt werden muss, dass Kooperationen und regionale Besonderheiten gestärkt werden müssen. Der Tourismus bietet interessante Möglichkeiten, die es zu kombinieren gilt. Es gilt Produkte zu finden, die der Wertschöpfung der Region dienen. Dann kann man wieder neu investieren, etwas weiter entwickeln. Das ist der Motor unserer Region. Das passt für Südtirol, das passt für Tirol, das passt für Vorarlberg. In diesem Kontext hat der alpine Raum weiterhin ein enormes Potenzial.

Anton Seeber

Von der bewussten Bewegung in die Unsicherheit

In seiner persönlichen Biografie spielt die bewusste Bewegung in die Unsicherheit eine wichtige Rolle. Auch für sein Unternehmen wünscht sich Anton Seeber, dass es Sicherheit im Umgang mit der Unsicherheit findet. Dies sei konträr zum „Komfortzonendenken" von Bergmenschen, aber für ihn, neben der notwendigen Sprachkompetenz und dem gegenseitigen Lernen, der Schlüssel zu Innovation und Wettbewerbsfähigkeit.

Der 1973 in Sterzing geborene ***Anton Seeber*** *studierte an der renommierten Universität Bocconi in Mailand Wirtschaftswissenschaften. Von 1999 bis 2006 war er beruflich bei Graham Partners, einem Private Equity Fund in Philadelphia, tätig, ehe der mit einer Amerikanerin verheiratete Vater von drei Kindern mit seiner Familie zurück nach Sterzing zog und Geschäftsführer bzw. Mitglied in Verwaltungs- und Aufsichtsräten (Leitner, Poma America, Prinoth, Leitwind, MiniMetro) der Unternehmensgruppe wurde.*

Herr Seeber, der alpine Raum befindet sich in einem Transformationsprozess. Welche Herausforderungen und Lösungsstrategien erkennen Sie?

Seeber: Kulturell sind wir gewohnt, uns das Land zu eigen zu machen, weil wir in den Bergen bestimmten Herausforderungen und Klimaverhältnissen ausgesetzt sind. Wir haben dadurch einen Kampfgeist entwickelt. Ein Suldener Bauer war es immer schon gewohnt, hart zu arbeiten und zu kämpfen. Er wusste nie, was auf ihn zukommt. Plötzlich ein Erdrutsch da, eine Lawine dort, ein harter Winter und so weiter. Diese Herausforderungen immer wieder neu anzugehen, das prägt den Menschen in den Bergen. Bislang war es die Strategie, hart zu arbeiten. Doch jetzt plötzlich, in dieser neuen Welt, genügt das nicht mehr. Aber die Kultur zu ändern ist das Schwierigste – im Unternehmen und beim Menschen.

Sie sind jemand, der auch sehr international agiert, der viele Erfahrungen im Ausland sammelte. Erkennen Sie Unterschiede zu den Menschen im Alpenraum?

Seeber: Golo Mann hat einmal etwas Schönes gesagt: „Verallgemeinern ist immer falsch.“ Es gibt aber für mich eine Gemeinsamkeit zwischen den verschiedenen Völkern: „Man wird von der Landschaft geprägt.“ Die alpine Arbeit ist viel härter und so hat der alpine Mensch meiner Ansicht nach die Fähigkeit, härter zu arbeiten und auch Kampfgeist zu zeigen. Auch der Bezug zur Natur hat uns geprägt und prägt uns weiterhin. Man sieht das auch. Je weiter man sich aus dem Alpenraum hinaus bewegt, desto mehr findet man „anders denkende“ Menschen. Das sind mehr sogenannte „Lebemenschen“.

Brauchen wir also ein anderes Denken für die Herausforderungen der Zukunft?

Seeber: Die Zukunft braucht Innovation. Was bedeutet Innovation? Innovation ist etwas Neues. Und warum ist Innovation etwas Besonderes? Weil Innovation die Bereitschaft voraussetzt, Fehler zu machen. Doch bei uns in den Bergen ist jede Innovation viel schwieriger durchzusetzen, weil man in diesem schwierigen Umfeld lieber in der Sicherheit lebt, als eine weitere Unsicherheit vor Augen zu haben. Jeder Fortschritt verändert irgendetwas und bringt Unsicherheit. Deswegen ist das Fortschrittsdenken in Südtirol nicht gerade unsere Stärke und Priorität. Nach einem Unfall wollte ich es in Amerika selbst versuchen. Ohne familiäre Hilfe. Ich wollte die Unsicherheit suchen. Für mich war es auch eine Form von Selbstfindung, die auch mein Glück war. Dann bin ich zurückgekommen und habe mir gedacht, dass die damalige Produktdiversifikation und Internationalisierung nicht genügt. Wir müssen noch verstärkt mehr Unsicherheit suchen, das heißt auch, näher zu unseren Kunden gehen zu müssen. Wir müssen die Kunden verstehen, wir müssen uns auch geografisch diversifizieren. Um das umzusetzen, war es daher von Vorteil, dass ich die Erfahrungen aus dem englischen Sprachraum hatte. Dadurch, dass ich ins Ausland gegangen bin, konnte ich wieder etwas Neues zurückbringen. So entwickelte sich das Unternehmen in eine Richtung, die sonst vielleicht nicht möglich gewesen wäre.

Neue Mitarbeiter, die in unserer Unternehmensgruppe eine führende Rolle einnehmen, sollten wissen, dass keine Fehler machen, aber auch den selben Fehler dreimal zu machen, besonders negative Folgen haben wird. Wenn man niemals Fehler macht, muss ich annehmen, dass nichts getan wurde. Wenn dreimal derselbe Fehler gemacht wird, ist man nicht bereit zu lernen.

Ich bin der Meinung, dass jeder Mensch seine Stärken und Schwächen hat. Meine Aufgabe ist es, Leute um mich zu sammeln, die in bestimmten Bereichen besser sind als ich. Indem ich die Karten ein bisschen mische, kann ich die vorhandenen Stärken auch fördern. Wir haben einen Produktionsbetrieb in Indien. Anfänglich gab es Vorbehalte in der Zusammenarbeit mit den Indern. Mittlerweile ist man im Unternehmen fasziniert, wie die Inder ihre Sache machen. Die Inder wiederum sind fasziniert, wie wir die Sachen machen. Wenn man nach Indien kommt, ist man beim ersten Mal schockiert. Das zweite Mal weiß man schon, was einen erwartet und das dritte Mal ist man fasziniert.

Dass der alpine Raum vor sehr vielen gravierenden Veränderungen steht, ist für Sie ja ein Faktum, oder?

Seeber: Ja, es ist für mich so. Wenn wir uns nicht verändern, dann werden wir einfach nicht wettbewerbsfähig bleiben. Nehmen wir das Beispiel Sotchi: Wenn Russland selbst die Skigebiete hat und Präsident Putin sagt, alle müssen in Russland Ski fahren gehen, dann verlieren wir diese Gäste. Einfach auf Berge und guten Schnee zu setzen ist zu wenig.

Naturgesetze sind ganz einfach. Die Dinosaurier waren einmal die größten und stärksten Lebewesen. Doch auch sie sind verschwunden.

Was wir brauchen ist Fortschritt in seiner wortwörtlichen Bedeutung: eben einen Schritt nach vorne zu machen. Wir müssen uns trauen auch einmal einen Schritt in die Unsicherheit zu machen und innovativ zu sein. Das gilt für den Tourismus, aber auch für die Industrie.

Was sie hier in unserer Firma sehen, schaut für Besucher vielleicht ganz toll aus. Aber glauben sie mir: Auch ich habe schlaflose Nächte und stehe oftmals vor Entscheidungen, wo wir genau überlegen müssen, wie wir weiter machen. Oft fragt man sich auch, wieso man sich das überhaupt antut. Aber wenn ich mir das nicht antue, dann gibt es für uns kein Überleben. Kurzfristig ist alles in Ordnung und schaut super aus. Aber in einer mittel- und langfristigen Betrachtung weiß ich, dass die Chinesen Mitbewerber werden. Die kopieren einfach unsere Seilbahntechnologien. Und danach kommt der Nächste und denkt, dass das ja ganz einfach zu kopieren geht und steigt auch in diesen Markt ein. So einfach ist das.

Unser Geschäft ist also alles andere als ein Honiglecken und mit diesen veränderten Verhältnissen muss man zurechtkommen.

Ich bin aber der festen Überzeugung, dass gerade der Bergmensch die Fähigkeiten besitzt, in diesem veränderten Umfeld erfolgreich zu sein. Wir müssen dazu aber diese Unsicherheit, die wir eigentlich vermeiden wollen, aktiv suchen. Eben weil sich unser Umfeld geändert hat. Wir haben die Fähigkeiten hart zu arbeiten, die Fähigkeiten Herausforderungen und Lösungen zu suchen. Nur so wird aus dem „Fortschritt" auch Innovation.

Welche Fähigkeiten braucht es, um sich diesen Herausforderungen zu stellen?

Seeber: Für mich sind dazu drei Dinge wesentlich: Sprachen, die bewusste Bewegung in die Unsicherheit und Flexibilität. Gerade auch die „mentale Flexibilität" scheint mir wichtig zu sein. Die Fähigkeit neue Horizonte zu suchen und mit diesen zurecht zu kommen.

Aber natürlich: Je mehr man sich in unsichere Situationen hinein bewegt, desto größer ist auch die Gefahr, dass man Fehler macht. Umso größer ist aber auch das Potenzial, langfristig zu überleben.

Das fängt für mich schon bei der Ausbildung an: Jetzt gibt es immer mehr Angebote, in Bozen oder Landeck zu studieren. Für mich ist das nicht das richtige Rezept. Man müsste die Einheimischen dazu bewegen, nicht nur in Südtirol oder Tirol zu studieren.

Aus meiner eigenen Erfahrung kann ich sagen, dass ich durch mein Studium und meinen beruflichen Start im Ausland ungemein viele Erfahrungen sammelte. Ob das in Mailand die erste Prüfung in italienischer Sprache war, oder als man mir bei meiner Arbeit in Amerika um 19 Uhr erklärte, dass ein Gutachten für eine millionenschwere Investition bis 9 Uhr am nächsten Morgen fertig sein sollte, das man dann letztlich gar nicht brauchte. Ob das Prüfungen waren oder ob es in Amerika um ein USA Visum oder eine Führerscheinprüfung ging, das alles sind letztlich viele kleine Prüfungen, die man meistert. Und bei jeder Prüfung sammelt man Erfahrungen fürs Leben. Für mich sind das genau diese bewussten Bewegungen in die Unsicherheit.

Es gibt die These, dass der alpine Mensch sich immer alles erarbeiten musste und dadurch auch ein unternehmerischer Typ, ein Entrepreneur, wäre.

Seeber: Das genügt nicht mehr. Es genügt heute nicht mehr, die schönen Berge zu haben und hart zu arbeiten. Auch die Hoteliers müssen den nächsten Schritt machen. Die Fähigkeit, sich immer wieder zu verändern, wird in Zukunft noch viel wichtiger werden.

Früher war der Bergmensch teilweise dazu gezwungen, in Unsicherheit zu leben. Wir müssen das heute nicht mehr tun. Aber weil wir es nicht mehr tun müssen, sollten wir in einer bestimmten Art und Weise die Menschen dazu bewegen.

Die Jugendlichen finden ja einen Reiz dabei, hinaus zu gehen. Doch den Großteil der Menschen zieht es natürlich wieder zurück zur Gemütlichkeit. Gerade bei uns. Wir leben auf einem wunderschönen Flecken Erde. Wir halten unser Land ja auch besonders in Ehren. Aber zwischendurch bedeutet Fortschritt, bestimmte Sachen zu verändern. Veränderungen bedeuten aber Unsicherheit und deshalb wollen viele hier ja keine Veränderungen. Aber wir werden hin und wieder einmal Fehler machen müssen. Und wir müssen mit diesen Fehlern einfach zurechtkommen und umgehen können. Wenn wir keine Bereitschaft haben Fehler zu machen, dann tun wir nichts und dann holen uns die anderen ein.

Doch in der öffentlichen Debatte diskutieren wir lieber jedes Projekt zu Tode, weil wir aus jedem Projekt die Unsicherheiten herausnehmen wollen. Das geht aber nicht! Wenn man irgendetwas Innovatives, irgendetwas Fortschrittliches macht, muss man auch die Unsicherheit akzeptieren.

Fehlt vielleicht ein gewisser Hunger auf Weiterentwicklung?

Seeber: Der Hunger fehlt, weil es uns jetzt einfach gut geht. Wir hätten es im Blut. Wir müssen es aber wieder fördern und fordern. Auch eine gewisse "Opferbereitschaft" gehört dazu. Ohne Opferbereitschaft und Anpassungsfähigkeit werden wir verschwinden, genauso wie die Dinosaurier. Doch als Unternehmer bin ich Optimist und denke mir, dass wir das sicherlich schaffen werden.

Karl Zünd

Mit konsequenter Nachhaltigkeitsstrategie zum Spitzenprodukt

Das Silicon Valley der Feinmechanik liegt nicht in Amerika, sondern im Rheintal. Davon ist Karl Zünd überzeugt. 80% der Komponenten werden von rund 30 Zulieferbetrieben im Umkreis von etwa 20 km bezogen. Das ist aber nur ein Element seiner Nachhaltigkeitsphilosophie, welche er ganzheitlich denkt und lebt.

Karl Zünd *gründete 1984 ein Unternehmen zur Entwicklung und Fertigung von Präzisionscuttern für die Grafik- und Verpackungsindustrie. Die heutige Zünd Systemtechnik AG beschäftigt am Standort Altstätten über 180 Mitarbeiterinnen und Mitarbeiter und weitere 70 an Standorten in Italien, den Niederlanden, USA, Hongkong, Thailand und Indien.*

Herr Zünd, gibt es für Sie den Typus des „alpinen Charakters"?

Zünd: Man sollte hier nicht zu viele Klischees bedienen, aber früher gab es diesen „alpinen Charakter" vielleicht. Ich denke da zum Beispiel an meinen Großvater. Zäh, bescheiden, arbeitsam aber auch engstirnig.

Was prägt die Menschen in ihrer Region? Ist es die Umgebung, ist es die Familie, ist es die Kultur?

Zünd: Ein wenig von allem. Es ist sicher auch das Tal. „Bodenständigkeit" ist hier ein wichtiges Thema. Da gibt es ein gewisses Zusammengehörigkeitsgefühl. Man kann nicht fliehen, man muss sich mit den Menschen abgeben, die um einen herum sind.

Hier gibt es zum Beispiel auch sehr viele Vereine und alle halten zusammen, wenn etwas zu organisieren ist. Das ist in der Stadt weniger möglich. Im Dorf kennt sich jeder. So können natürlich auch Neid und Missgunst entstehen. Je mehr man sich kennt, desto mehr versucht man vielleicht besser zu sein als der Nachbar.

Wirkt sich die „Bodenständigkeit" auch auf die Art des Wirtschaftens aus?

Zünd: Das glaube ich schon. Das Rheintal ist für mich das „Silicon Valley" der Feinmechanik. Unsere Firma bezieht 80% der Komponenten von Zulieferern im Umkreis von etwa 15-20 Kilometer, teilweise auch im Appenzeller Vorderland, aber vor allem im Schweizer Rheintal und in Vorarlberg. Das ist auch wie eine große Familie. Da geht es auf Zuruf. Man hat keine großen Verträge miteinander. Das ist bei uns heute noch weitgehend so.

Gehört zur „Bodenständigkeit" auch ihr großes Umweltengagement?

Zünd: Heute ist das ja in aller Munde. Die ökologische, ökonomische und soziale Nachhaltigkeit. Sie können in der Zukunft keinen wirtschaftlichen Erfolg haben, wenn Sie nicht auch die ökologische und soziale Nachhaltigkeit beachten. Ich glaube, das greift ineinander.

Wir haben das erste Industriegebäude der Schweiz im Passivhaus-Standard (in der Schweiz: „Minergie-P") gebaut. Wir haben seit jeher versucht, das, was wir der Natur an Boden wegnehmen, zurückzugeben – etwa durch begrünte Flachdächer. Aber auch das ganze Firmenareal ist nur dort geteert, wo es unbedingt sein muss. Alles andere ist naturbelassen. Bei den Mitarbeiterinnen und Mitarbeitern schaue ich, dass sie aus der Gegend kommen. Am liebsten wäre mir, wenn sie zu Fuß zur Arbeit kommen könnten oder zumindest mit dem Fahrrad. Das wird bei uns auch gefördert. Jeder, der mit dem Fahrrad kommt, erhält eine finanzielle Belohnung dafür und einmal im Jahr wird gratis von uns ein Service an seinem Fahrrad gemacht. Wir haben auch firmeneigene Fahrräder zur freien Benützung, beispielsweise während der Mittagspause. Auch jenen, die mit den öffentlichen Verkehrsmitteln fahren, zahlen wir einen Anteil an den Tickets. Ausserdem unterstützen wir sportliche und kulturelle Freizeitbeschäftigungen unserer Mitarbeiterinnen und Mitarbeiter.

Wir haben einige Preise und Auszeichnungen für unser Umwelt- und Nachhaltigkeitsengagement erhalten.

Haben Sie als Firmengründer diese Denkweise vorgegeben?

Zünd: Nicht in schriftlicher Form. Über Jahre haben wir das einfach gelebt. Und jetzt, mit dem Generationenwechsel im Unternehmen, hat unsere Familie die Werte, für die wir einstehen, als verpflichtende Unternehmensgrundsätze im Leitbild niedergeschrieben.

Wie können Sie am Markt wettbewerbsfähig bleiben, wenn Sie Ihr gesamtes Produkt im Hochpreisland Schweiz produzieren?

Zünd: Eine berechtigte Frage. Trotz Hochpreisland Schweiz steht unser Familienbetrieb zum Produktionsstandort Rheintal. Durch die Eurokrise, als unsere Produkte um 15-20% im Ausland teurer wurden, ist unsere Zusammenarbeit mit den regionalen Lieferpartnern hart auf die Probe gestellt worden. Dank gemeinsamer Preisaktionen sind wir jedoch sogar gestärkt aus der Krise herausgekommen.

Die ganze Welt kauft bei Ihnen in der Schweiz, obwohl sie im Ausland Mitbewerber haben?

Zünd: Ja. Wir haben Präzision mit Kreativität verbunden und haben ein sehr gutes Preis-Leistungs-Verhältnis. Unser Rezept ist „einfach“: Wir machen hervorragende Produkte und schauen, dass es den Mitarbeitern, den Lieferanten und den Kunden gut geht. Wenn es ihnen gut geht, dann geht es auch uns gut. Der Kunde ist bereit, für unsere Maschinen 20-30% mehr zu bezahlen, weil er weiß, sie arbeiten über viele Jahre zuverlässig, bei höchster Qualität und Präzision und haben sehr niedrige Wartungskosten. Das ist bei den Konkurrenzprodukten so nicht der Fall.

Das heißt, wenn ich „eine Zünd“ kaufe, dann habe ich das beste Produkt am Markt gekauft?

Zünd: Wir haben das Glück, Maschinen herstellen zu dürfen, die sehr vielseitig einsetzbar sind, z.B. in der grafischen Industrie, dem Verpackungs-, Textil-, Techtextil-, Composites- oder Ledermarkt. Durch die modulare Bauweise können wir schneller und flexibler auf die Kundenwünsche reagieren. Zünd Maschinen können jederzeit einfach nach- oder umgerüstet, bzw. den sich ändernden Kundenbedürfnissen angepasst werden. Auch unsere grüne Seite wird von vielen Kunden verstanden und geschätzt. Schon in einer Broschüre von 1999 hieß es: „Unsere Produkte entstehen in der Verantwortung gegenüber Mensch und Natur.“ Daran glaube ich und daran glauben auch unsere Mitarbeiterinnen und Mitarbeiter. Ausserdem macht es uns Freude, gute und schöne Produkte herzustellen. Und natürlich muss auch der Service passen.

Die Marke Schweiz hilft Ihnen auch?

Zünd: Die Marke Schweiz hilft uns schon auch, das ist richtig. Wobei ich sagen muss, dass unser Image im Ausland durch das Verhalten gewisser Banken in den letzten Jahren beschädigt wurde.

Dieses Verhalten der Banken ist nicht wertorientiert?

Zünd: Nein. Wenn sie nachhaltig sein wollen, muss das glaubwürdig sein und die gesamte Wertschöpfungskette umfassen. Wir geben den Mitarbeitern vor und leben vor, was das für uns bedeutet.

Aber die Menschen aus den Alpen haben vielleicht eher einen Bezug zum Nachhaltigen und Bewussten und denken für die nächste Generation?

Zünd: Das sollte man nicht verallgemeinern. Eine Wertehaltung ist vielleicht im Land verankert. Aber es gibt auch das Gegenteil: Sturheit, Konservativismus, fehlende Weltoffenheit.

Wenn Sie die Zukunft der Region betrachten, was sind für sie die größten Herausforderungen? Auf was sollten die Menschen und die Firmen achten?

Zünd: Dass wir nicht unsere Lebensqualität einbüßen. Stichwort Zersiedelung, bessere Siedlungspolitik, intelligentere Bauvorschriften. Dass sich gewisse Dörfer zusammentun, die Infrastruktur zusammenlegen. Dass nicht jede Gemeinde ein eigenes Schwimmbad baut und eine eigene Feuerwehr hat. Das ist ein gewaltiger Verschleiß an Land. Im Alpenraum müssen wir aufpassen, dass wir nicht das Wertvollste zerstören, das wir besitzen, die Natur.

Man sollte auch versuchen, ein gutes Nebeneinander zwischen produktiven Betrieben, Dienstleistungsbetrieben und naturverträglichem Tourismus zu haben.

Und bezogen auf die Wettbewerbsfähigkeit im alpinem Raum? Welche Herausforderungen wird die nächste Generation an diesem Standort erleben?

Zünd: Wir werden noch mehr auf Innovation achten. Heute geht ein Viertel unserer Gehälter in die Forschung und Entwicklung. Wir sind seit jeher der Schrittmacher in den Branchen, die ich genannt habe. Wir werden immer wieder kopiert. Uns bleibt also nichts anderes übrig, als immer wieder eine Nasenlänge voraus zu sein. Das gelingt uns bis heute.

Wichtig ist, dass man sich auf seine Stärken besinnt und seinen eigenen Weg geht. Man darf seinen Namen nicht verraten und sollte sich und seinen Werten auch in Zukunft treu bleiben.

Alpine Kunst und Kultur

Rifugio Kostner; Val Gardena

Lois Anvidalfarei

Über die wahren Eigentümer der Berge, verlorenes Wissen und Toleranz

Ortsverbundenheit ermöglicht laut Lois Anvidalfarei die Konzentration auf das Wesentliche. Der direkte Bezug mit der Natur sei befruchtend. Die Rückkehr von der Stadt in seinen Heimatort war ein bewusster Schritt. Dort beobachtet er, wie schnell altes handwerkliches Wissen verloren geht und wie wichtig Mehrsprachigkeit in der Ausbildung ist.

__Lois Anvidalfarei__ wurde 1962 in Abtei, Südtirol geboren. Von 1976 bis 1981 besuchte er die staatliche Kunstschule in St. Ulrich im Grödnertal. Ab 1983 folgte ein Studium an der Akademie der Bildenden Künste in Wien. Dort erhielt Lois Anvidalfarei durch die Begegnung mit dem Werk und der Person von Prof. Joannis Avramidis seine entscheidende Prägung als Zeichner und Bildhauer. Nach dem Abschluss des Studiums kehrte Anvidalfarei 1989 in seine Heimat zurück. In Abtei bewirtschaftet er den von den Eltern ererbten Bauernhof und arbeitet als freischaffender Bildhauer. Er ist verheiratet und hat zwei Töchter. Er gilt als einer der wichtigsten zeitgenössischen Bildhauer im Alpenraum und ist mit zahlreichen öffentlichen Werken präsent.

Herr Anvidalfarei, welchen Bezug haben die Alpen als Region für Sie?

Anvidalfarei: Es ist etwas ganz Spezifisches, in den Bergen geboren zu sein. Schon mein Ur-Ur-Großvater lebte hier in Abtei. Für mich als Kind war das hier die Welt und diese Welt war kreisrund. Es war für mich logisch, dass die Erde eine Kugel ist, aber ich lebte in der Kugel drinnen. Denn rund um mich waren diese Berge zwischen Himmel und Erde. Alles was ich sah war rund, war Welt. Unendlichkeit gab es nicht, alles war so greifbar. Ein starkes Bild.

Hier in diesem Haus, in meinem Bett, ist mein Urgroßvater gestorben, wurden mein Großvater und mein Vater geboren. Mein Vater starb darin. In diesem Bett bin auch ich geboren und das Holzgestell ist noch das gleiche. Das verwurzelt einen sehr stark. Diese Zugehörigkeit empfinde ich als sehr schön.

Sie kommen aus einem handwerklich-bäuerlich geprägten Umfeld. Wieviel wissen Sie selbst von alpiner Landwirtschaft?

Anvidalfarei: Leider nur mehr sehr wenig. Das ist teilweise echt schockierend. Man glaubt gar nicht, wie schnell es geht, dass man alles vergisst. Gerade im Handwerk vergisst man sofort, wie man etwas macht. Ich könnte keinen Acker mehr betreiben, obwohl mein Vater das noch gemacht hat und ich ihm ja als Kind dabei geholfen hatte. Aber selber könnte ich das nicht mehr. Wir hatten früher noch Gerste angebaut, Bohnen, Linsen und das Kraut selbst gemacht.

Wir bauten Kartoffel an und wo heute hier Wiese ist, war früher alles Ackerland. Eine Kuh hatte im Sommer gekalbt und eine im Winter. Damit war immer Milch für den Eigenbedarf da. Von Frost zu Frost musste man alles genau einplanen. Da gab es nicht viel Spielraum, sonst fror es und dann war es aus. Dieses spezifische Wissen stellt für mich eine Art von Hochkultur dar. Eine wesentliche Funktion erfüllt für mich dabei der Bauer. Dieser gehört seit jeher zu den Bergen und die Berge gehören ihm und nicht den Touristikern. Der Ureinwohner der Alpen ist der Bauer. Wenn die Bauern einmal weg sind, kommt es zu großen Veränderungen.

Sie verließen „ihre Welt" Abtei, um nach Wien an die Kunstakademie zu gehen. Letztlich kamen Sie wieder zurück. War das für Ihre Karriere nicht ein Nachteil?

Anvidalfarei: Für mich war das ein natürlicher Zyklus. Die Bergmenschen tun sich meiner Meinung nach leichter, vom Berg hinunter zu gehen. Vom Berg runtergehen ist einfacher, als hinaufzugehen. Als Städter raufzukommen ist fast unmöglich. Im Urlaub vielleicht eine Woche. Aber sonst kommt niemand von der Ebene hier herauf, um hier zu leben. Ich kenne niemanden.

Auch ich werde, wenn ich „unten" bin, zum Fremden. Aber ich bin beweglicher. Diese Erfahrung machte ich in der Schule und in der Akademie. Gerade Wiener hierher zu bewegen ist fast unmöglich. Da ist es viel einfacher unser ganzes Dorf nach Wien zu bewegen. Wir Bergmenschen sind beweglicher.

Sind die Bergmenschen nur physisch beweglicher oder auch geistig?

Anvidalfarei: Da bin ich jetzt vielleicht ein wenig überheblich. Ich glaube aber, dass in der heutigen Zeit diese Konzentration, diese „Ortsbesessenheit", diese Verwurzelung, für eine sehr intensive und geballte Konzentration steht. Das ist in dieser Qualität anderswo nur schwer zu erreichen. Ich finde das ist ein Vorteil. Da kann man sich wirklich auf eine Sache konzentrieren. Für Flachländer ist das schwieriger. Als Bergmensch bist du physisch und ich glaube auch psychisch konzentrierter.

Ist der Einfluss von außen wichtig um neue Impulse zu bekommen?

Anvidalfarei: Wenn man heute zur Biennale nach Venedig fährt, dann trifft man dort die ganze Welt. Es ist zwar sehr viel dort, aber man spürt auch, wie wenig dort ist. Das ist auch logisch, denn man schickt zwar „die ganze Welt" nach Venedig, aber jene, die mehr oder weniger gleich sind. Doch die Welt kann man nicht so einordnen und so globalisieren, wie es manche möchten. Das geht nicht und ich finde das auch gut so. Die Welt ist doch bunter – zum Glück!

Hat es aus Ihrer Sicht Relevanz für den Erfolg, ob man aus den Alpen oder aus der Stadt kommt?

Anvidalfarei: Ich glaube es hängt davon ab, was man tut. Meine Zeit in Wien war mir wahnsinnig wichtig, um reinzuschauen. So eine Erfahrung finde ich allgemein wichtig. Du musst wo hingehen und ins Zentrum hineinschauen, sonst verlierst du dich. Da geht es um den Menschen selbst und da ist ein Bergmensch anders als ein Stadtmensch. Durch die Globalisierung wird es immer trauriger. Wenn dir zum Beispiel bei der Biennale alle gleich vorkommen und wenig Unterschied besteht, ob einer aus Ägypten kommt oder aus den Alpen. Das finde ich schade und empfinde es als einen Verlust.

Wenn Sie von den Alpen sprechen, nehmen Sie diese als einen geschlossenen Raum oder als verschiedene heterogene Regionen wahr?

Anvidalfarei: Diese Frage finde ich ganz interessant. Ich habe ein starkes Empfinden zum alpinen Raum, obwohl ich nicht alle Regionen so gut kenne. Aber ich empfinde in anderen Alpenregionen sofort etwas Vertrautes. Zum Beispiel in der Bauart: auch wenn etwa die Holzverbindungen anders sind, fühle ich mich dort sofort heimelig. Ich glaube also schon, dass es einen „Alpinen-Typus" gibt.

Könnten die Alpen eine Art Modellregion für Zukunftsentwicklungen sein?

Anvidalfarei: Das kann ich mir in spezifischen Bereichen vorstellen. Als Ladiner denke ich da natürlich an die Schulbildung. Wir haben hier ein Schulmodell mit vier Sprachen, schon ab dem Kindergarten, entwickelt. Wir sprechen Ladinisch, Deutsch, Italienisch und Englisch. Ich bin hier als Ladiner unterwegs, kann mich aber gleich gut in Bologna und Karlsruhe bewegen. Wir haben immerhin 50 Jahre Erfahrung in dieser Ausbildungsform. Das waren nicht nur zwei, drei Semester, das sind schon fast über zwei Generationen. Ich bin froh darüber. Sicherlich, ich mache natürlich Fallfehler, aber ich kann mich in mehreren Sprachwelten bewegen.

Manche sind der Meinung die Schulen sollten getrennt bleiben. Es sollte ja kein italienischer Schüler in einer deutschen Schule sein. Das könnte gefährlich werden. Ich sage: lernt von uns! Da sind natürlich alle in der

Verantwortung. Wir schimpfen jetzt vielleicht über die Politiker und wenn etwas nicht gemacht worden ist, haben sowieso immer die anderen Schuld. Aber wenn man daran glaubt, dann funktioniert es. Ich glaube, es wäre ein gutes Bildungssystem.

Welche Erfahrung haben Sie als Künstler mit dem Thema Toleranz in ihrem Ort gemacht?

Anvidalfarei: Ich habe meine Schwierigkeiten gehabt. Aber die Bevölkerung wird immer toleranter. Ich glaube das kommt auch durch den Tourismus. Die wirklichen Probleme hatte ich aber nicht hier in Abtei und im Gadertal, sondern in Bozen und in Innsbruck. In Bozen musste ich sogar Skulpturen wieder von einem Platz entfernen. Meinen ersten Christus, das war in den 90er Jahren, hatte ich hier im Dorf aufgestellt. Es war eine nackte Christusfigur. In Bozen wäre das nie möglich gewesen. Und in Innsbruck versuchten wir es in einer Kirche. Auch dort war es nicht möglich. Aber hier war es möglich. Das war ganz am Beginn meiner künstlerischen Tätigkeit. Niemand hat mich damals gekannt. Nicht hier und nicht in Innsbruck oder in Bozen. Hier war ich auch fremd. Ich kam damals gerade von der Akademie in Wien zurück. Geschimpft haben sie natürlich auch. Aber wir hatten die Figur aufgestellt und sie ist geblieben. An anderen Orten konnten wir sie nicht aufstellen. Das sagt schon was. In Bozen wäre eine nackte Christusfigur nicht möglich gewesen. In Abtei steht sie immer noch. Sie hat zwar einmal den Platz gewechselt, aber sie steht immer noch im Dorf.

Was wäre in Wien passiert?

Anvidalfarei: In Wien haben wir zum Beispiel den „Adam“ in einer Kirche ausgestellt. Auch in der Kirche gibt es Menschen, die offen sind und den Dialog führen. Wien ist im Bezug auf Toleranz und Möglichkeiten schon fast wieder wie Abtei. Nicht wie Innsbruck und Bozen. Natürlich ist Wien schon auf einem ganz anderen Niveau. Ich glaube aber, dass in dieser Hinsicht die Berge nicht schädlich sind. Auch sie regen das Denken an und dieser unmittelbare Kontakt zur Natur und zu den Jahreszeiten ist schon sehr fruchtbar. In den Bergen fühlst du, dass du einfach klein bist und das ist doch eigentlich auch ein guter Wert für uns Menschen. Und du fühlst die Natur.

Für einen Menschen, der ein bisschen die Augen auf macht, ist die Natur ein Wahnsinn, ein gewaltiges Schauspiel. Das ist schon befruchtend, wenn man das ganz bewusst erleben und bestaunen kann. Das sind einfach Erlebnisse, die dem Denken und dem Gefühl nicht schlecht tun. Das kannst du nur in den Bergen erleben. Das kannst du schlecht in Wien erleben. Wenn du dort arbeitest, dann sind vielleicht rechts und links ein paar Blumen in so eingeengten Gärten, sonst ist es das mehr oder weniger Gleiche. Da passiert relativ wenig im Gegensatz zu hier. Ich glaube, das prägt einen Menschen schon und das tut einfach gut.

Beat Hächler

Über das Spannungsfeld von Berg und Stadt

Beat Hächler will in „seinem Museum“ keine Schnitzereien und alten Skier ausstellen, sondern sich pointiert mit dem Spannungsfeld „Berg-Stadt“ in einer globalisierten Welt auseinandersetzen. Er versteht *alps* als einen urbanen, diskursiven Raum und fragt sich etwa, ob der Alpenraum seine Identität in der Entsprechung „urbaner Erwartungen“ findet, wie beharrlich Zuschreibungen sind und welchen Beitrag der Tourismus als „Demokratisierungsprojekt“ leisten kann.

Beat Hächler *ist seit 1.10.2011 Direktor des Alpinen Museums der Schweiz (alps) in Bern. Er machte sich durch die Befassung mit Gegenwartsthemen national und international einen Namen. Hächler hat in Bern und Madrid Geschichte, Deutsche Literatur und Medienwissenschaften studiert und während des Studiums als Journalist gearbeitet. Von 2002 bis 2011 war er auf dem Schlossberg in Lenzburg (CH) als Co-Leiter für die künstlerische und betriebliche Führung des Stapferhauses verantwortlich. Berufsbegleitend studierte er Szenografie an der Zürcher Hochschule der Künste und an der Universität Wien. Er ist verheiratet, hat zwei erwachsene Kinder und lebt in Bern.*

Herr Hächler, Sie sind von Ihrer Ausbildung her Medienwissenschaftler und Germanist. Das klingt nicht unbedingt nach einer jahrelangen Befassung mit „alpinen Themen".

Hächler: Dazu kommt mir ein Beitrag von Walter Leimgruber, Professor an der Universität Basel, in unserem Journal in den Sinn. Dessen Quintessenz war: Es gäbe gar keine alpinen Themen. Alle Themen seien alpin.

Was Prof. Leimgruber und auch uns hier im *Alpinen Museum* beschäftigt, ist das Verhältnis Mensch und Berg. In dieser Auseinandersetzung spielen Themen wie Identität, Mobilität, Nachhaltigkeit, Konsum, Produktionsbedingungen usw. eine Rolle. Und man realisiert, dass man im Berggebiet mit den gleichen zentralen Themen wie im urbanen Raum konfrontiert ist. Anders sind aber die Umfelder, die Konsequenzen und vielleicht die verschiedenen Lösungsstrategien.

Wir nehmen dieses Denken auch als Grundkonzept für unser Museum. Es geht uns nicht primär darum, irgendwelche Bauernschnitzereien und alte Skier zu zeigen, sondern Fragestellungen aufzugreifen, die für die Gegenwart und Zukunft relevant sind und die selbstverständlich etwas mit den Bergen zu tun haben. Dadurch bewegen wir uns sofort in einer globalisierten Welt und sprechen von Themen, die Menschen hier in Bern genauso betreffen, wie jemanden, der irgendwo anders in den Bergen wohnt. Ich glaube, dass es sich um Grundfragestellungen handelt, die sich nicht nur an einem geografischen Raum festmachen lassen.

Wie würden Sie denn den „alpinen Raum" abgrenzen? Die Alpenkonvention zum Beispiel ist sehr strikt und klammert größere Metropolregionen (München, Wien, Mailand, Lyon) aus.

Hächler: Ich habe mit diesem sehr eng begrenzten Verständnis ziemlich Mühe. Bern ist für mich, auch von der physischen Distanz zu den Bergen her, klar eine Alpenstadt. Auch der ganze Bezug, die Flusstäler, die Verkehrswege, sind für mich geprägt von diesem Raum. Letztendlich geht es um Relationen und Beziehungsräume. Auch die Alpen als Freizeitlandschaft funktionieren nur im Gegenüber zum städtischen Raum. Ganz viele Fragen, die uns in alpennahen Metropolräumen beschäftigen, sind extrem zusammengehörig. Die Beziehungen dieser unterschiedlichen Räume sind wechselseitig, aber sicher nicht ausbalanciert. Das macht die Angst vor den grossen Stadträumen im Berggebiet auch ein Stück weit nachvollziehbar. Umso wichtiger ist es, genau hinzuschauen, wer hier welche Entwicklungen lostritt, gestaltet oder bremst. Im Alpenraum einen Bogen um die Metropol-Städte zu machen, halte ich daher für falsch.

Neben den politischen Grenzen gibt es aber meist auch die Grenzen in den Köpfen. *So* seien die Bergmenschen und *so* seien die Flachländer.

Hächler: Diese Zuschreibungen sind so pauschal natürlich falsch. Trotzdem denke ich, dass „Freizeitberglertum" etwas anderes ist, wie direkt in einem Tal zu leben und mit den alpinen Bedingungen konfrontiert zu sein. Es gibt Menschen, die sagen, es verlaufe eine Grenze bei 800 Metern Seehöhe. Oberhalb davon gäbe es eine andere Realität oder eben auch andere Möglichkeiten. Wo gehen die Kinder in die Schule, wo arbeite ich, welche Arbeit kann ich dort ausüben, welche sozialen Netze habe ich dort direkt um mich herum? Ich habe diese Behauptung nicht überprüft, aber ich kann mir schon vorstellen, was damit gemeint ist.

Auf Ihrer Website schreiben Sie, dass Sie die Alpen von Slowenien bis zu den französischen Alpen begreifen wollen.

Hächler: Ich begreife sie noch weiter. Wir hatten uns auch schon mit Bergthemen in Taiwan, Südkorea oder Argentinien beschäftigt. Es existiert etwas Universelles und man findet gerade über kulturelle Grenzen hinweg leichter einen Zugang zu scheinbar fremden Welten. Das Taiwan-Projekt brachte einen taiwanischen Street Artist nach Bern, der Elektroschaltkästen im öffenlichen Raum mit Schweizer Bergen bemalte. Und im Museum zeigten wir seine Bergbilder auf Elektroschaltkästen in Taipeh in Videoinstallationen von taiwanischen Studentinnen und Studenten.

Sie befassen sich berufsbedingt sehr viel mit den Wandlungsprozessen im alpinen Raum. Was glauben Sie, in welche Richtung sich die Alpen entwickeln? Wer entscheidet über die Entwicklung des alpinen Raums?

Hächler: Die Schweizer Regionalentwicklungsphilosophie habe ich bislang so wahrgenommen, dass man, dem Gießkannenprinzip folgend, versuchte, alles gleichmäßig zu entwickeln. Das führt natürlich zu dem Stress, dass man an den Punkt kommt, zu diskutieren, ob man auch noch das letzte Tal und den letzten Berg bespielen muss. Diesbezüglich gibt es in der Schweiz eine Diskussion zum Konzept der „Alpinen Brache“, welche auch sehr heftige Emotionen, im Sinne von: „es geht doch nicht, dass man *unten* beschließt, gewisse Täler aufzugeben“ auslöste. Ich persönlich frage mich schon, ob es Sinn macht, alle Skigebiete auf den Level der Jungfrau Region hochzufahren, oder ob es nicht intelligenter ist, zu sagen, dass es auch Regionen geben soll, in welchen es weniger gibt.

Ich denke, dass es letztlich auf eine Nutzungsaufteilung hinausläuft. Vor allem, weil auch die Bedürfnisse sehr unterschiedlich sind. Es ist doch auch ökonomisch nicht sinnvoll, sämtliche Berggebiete zu Top Skigebieten auszubauen. Es gibt ja auch Menschen, die das ohnehin nicht wollen. Vielleicht wird es dann Täler geben, wo „Betreten auf eigene Gefahr“ gilt, weil diese beispielsweise „Wildzonen“ wären.

Tourismus ist immer auch ein „Demokratisierungsprojekt“. Es wird stets versucht, den Zugang für möglichst viele erreichbar zu machen. Aber es wird sich einfach nicht rechnen, alles auf den höchsten Level hochzufahren. So wird es im Ergebnis eine Mischform werden. Man wird aber auch nicht ganze Talschaften aufgeben. Das glaube ich nicht. Entscheidend ist, dass diese Entwicklungsziele und -schritte mit der Bevölkerung in den Berggebieten festgelegt und umgesetzt werden.

Wurde denn der „Wirtschaftsraum Alpen“ schon einmal in einer Ausstellung thematisiert?

Hächler: Ja, wir haben uns schon verschiedentlich mit dem Tourismus auseinandergesetzt. Eine Ausstellung ging der Frage nach, was Menschen, die in den Bergen leben und von ihrer Arbeit leben wollen, machen müssen, um ihr Geld zu verdienen. Es ging dort vor allem um die Wintersport- und Après Ski-Tourismusbranche und was diese mit den Menschen macht. Wir wollen mit unseren Ausstellungen einen Beitrag zum besseren Verstehen oder auch zur differenzierten Betrachtung des eigenen Verhaltens leisten. Das sind spannende Projekte und Methoden, die in einem städtischen Raum, wie hier, möglich sind. Das ist anders, als in einem Heimatmuseum im Bergland. Da wollen 90% der Besucher einfach die Bilder der Nordwand sehen und die Eispickel berühmter Bergsteiger. Wir schaffen hier einen urbanen, diskursiven Raum, der aber mit Menschen zu tun hat, die nicht einfach stille Betrachter, sondern selber Akteure sind, z.B. Pistenskifahrer. Das ist ein wesentlicher Teil unserer Realität.

Führt diese Komplexität aber nicht zum Auseinanderdriften der Räume? Wie sehen Sie das gegenseitige Verständnis zwischen den Berg- und den Stadtmenschen?

Hächler: Es gibt sowohl in der Stadt als auch in den Bergen Menschen, die einander offen gegenüberstehen. Was ich hier im *Alpinen Museum* in der Stadt erlebe, ist eine touristische Erwartungshaltung gegenüber dem *Alpinen Museum*. Man erwartet hier ausgestopfte Murmeltiere, Heidi und die schönen Bergreliefs. Werden diese Bilder nicht bedient, sind vor allem die Touristen, sei es aus dem deutschsprachigen Raum oder aus Japan oder Indien, enttäuscht. Ich frage mich daher, was Tourismus denn eigentlich reproduziert?

Um das Konzept dieses Hauses vorzustellen, hatte ich eine Sitzung mit Bern Tourismus. Auch da wurde befürchtet, dass unser Angebot im Museum den Stadttouristen nicht biete, was erwartet wird. Ich bevorzuge aber ein Museum für 8 Millionen Inland-Bewohnerinnen und Bewohner zu machen, weil dort die Realitäten dieses Landes auch wirklich ein Thema sein können.

Grundsätzlich finde ich es problematisch, dass ein Land in der touristischen Wahrnehmung schon fast ein Zerrbild von sich produzieren muss, um in die Erwartungshaltung hineinzupassen. Die Aufrechterhaltung der Erwartung, „dass alle nur Ziegen hüten und schöne Berge besteigen", ist manchmal bei den professionellen Tourismusverantwortlichen stärker ausgeprägt als bei den Touristen. Die schlimmsten Kritiker unseres Museums kommen meistens aus touristischen Positionen. Das finde ich sehr aufschlussreich.

Ich finde es spannender, wie man mit einem Erbe und einer Geschichte auf eine zeitgenössische Art umgehen und diese innovativ weiter entwickeln kann. Ich will im *Alpinen Museum* nichts reproduzieren, das dann eingefroren wird und letztendlich nur mehr Kitsch sein kann, sondern es muss leben und sich weiterentwickeln können. Ich frage mich daher, was wir unternehmen müssen, um für die Touristiker in ein Bild zu passen, dass wir zwar ein alpines Museum sind, aber andere, touristisch wertvolle Bergbilder präsentieren, als in einem herkömmlichen alpinen Museum.

Sehen Sie Möglichkeiten, dieses gegenseitige Verständnis zu verbessern?

Hächler: Dazu braucht es die direkte Auseinandersetzung. Doch wenn diese stattfinden soll, dann müssen die Menschen derzeit in unser alpines Museum kommen. Das ist natürlich als Grundsituation sehr problematisch. Da wir eigentlich Lebensrealitäten zeigen und reflektieren wollen, müssen wir daher ein Format entwickeln, wie sich das alpine Museum auch im Bergraum bewegen kann. Wir werden ein mobiles Projekt schaffen, welches uns erlaubt, mit lokalen Partnern zusammen Projekte zu machen. Ich glaube, dass es überall Leute gibt, die reflektieren, etwas angehen oder ausprobieren. Dass unser Museum an einem Ort stationiert ist und in diesem Fall in dieser kleinen Hauptstadt Bern, ist ja kein Zufall. Die andere Alternative wäre, dass man das Museum in Zermatt oder auf einem prominenten Berg errichtet. Das Konzept für die Bespielung wäre dort aber wohl ein „Bergsteigermuseum".

Kann der alpine Raum beispielgebend für die Erarbeitung von Lösungen in Bezug auf künftige Entwicklungen sein?

Hächler: Die Empfindlichkeit wie die Natur reagiert, das Gefühl für Naturbeziehungen, wird im alpinen Raum schneller spürbar als in unserer Mittelland-Situation. Durch eine gewisse Entfremdung von direkten Naturwirkungen, müssen einige Dinge schon fast künstlich sichtbar gemacht werden. In Berggebieten könnten eigenständige Wirtschaftsformen und vergessen gegangene Arbeitstechniken und Wissensbestände fortleben, die in einer globalisierten Welt plötzlich wieder von Interesse sind. Berggebiete erweisen sich in dieser Eigenständigkeit oft auch als innovationsstark. Es ist ein Mehrwert, Berggebiete in ihrer Eigenständigkeit zu erhalten und zu fördern.

Sehen Sie im alpinen Raum etwas, das man in Zukunft vielleicht stärker betonen sollte?

Hächler: Aktuell hat der alpine Raum immer eine kompensatorische Seite. Man schaut von der Stadt stark auf die Berge. Die Stadt gilt als hektisch, lärmig, dreckig, anonym, heimatlos. Die Berge als ihr Gegenbild. Das sind Zuschreibungen, die offensichtlich vorhandene Unterschiede ins Generelle umkehren. Wird diese Zuschreibung zur Vorschrift, wird es problematisch. Wie sehr kann die Stadt ein Berg und der Berg eine Stadt sein? Diese Vorstellung kollidiert dann natürlich mit dem Ideal, dass die Berge eine Ruheoase sein sollten. Man könnte das aber umkehren: Warum bauen wir die Städte nicht so, dass wir weniger Berge brauchen? Dass wir uns in den Städten wohlfühlen, dass wir nicht immer diese Kompensationsräume brauchen. Diese Qualitäten, die man in den Bergen sucht, werden von der Raumplanung und der Stadtentwicklung in vielen Städten denkbar schlecht umgesetzt. Eine solche Forderung könnte auch von den Bergbewohnern an die Stadtmenschen kommen, indem sie sagen: „Bauen wir die Städte so, dass ihr nicht mehr so viel Mobilität braucht.“

Würden Sie sagen, dass der Alpenraum auch durch eine andere Wertehaltung geprägt ist, als der nicht alpine Raum?

Hächler: Ich habe etwas Mühe mit diesem Begriff, da Werte teilweise schon fast etwas Biologisches haben, wenn man diese schon total verinnerlicht hat. Ich persönlich glaube nicht, dass Werte Kulturfaktoren sind. Bei den Bergbewohnern führt die Tradition, mit welchen Materialien man baut und wie hoch das Bedürfnis ist, etwas total neu zu erfinden, vielleicht zu einer gewissen Beständigkeit. Aber da haben sich gewisse Techniken bewährt und die muss man auch nicht ändern. Daraus abzuleiten, dass alpine Menschen per se stur, traditionell oder bewahrend sind, ist für mich wie eine Anleitung, die ich nachvollziehen kann, die aber nicht unbedingt richtig sein muss. Von daher glaube ich nicht, dass die Werthaltungen an sich unterschiedlich sind, sondern dass es unterschiedliche Überlebensstrategien gibt. Hier in der Stadt sind wir natürlich in einem höheren Maße der Beschleunigung ausgesetzt. Es braucht immer neue Positionierungen in anderen Kontexten. Würde ich aber die Bergmenschen in die Städte versetzen, würden sie genau gleich funktionieren. Die Wertebilder, die seit dem 18. Jahrhundert oder noch länger auf die Alpen projiziert werden, haben eine wunderbare Beharrlichkeit, aber sie werden deshalb nicht unbedingt richtiger.

Alpine Perspektiven

Wegmarkierung in den Dolomiten

Pietro Beritelli

Zukünftige Herausforderungen für erfolgreiches Unternehmertum in den Alpen

Pietro Beritelli *wurde 1967 in Rom geboren und wuchs in St. Gallen auf. Er studierte Betriebswirtschaft an der Universität St. Gallen (HSG) mit den Schwerpunkten Reise und Transport. Zunächst als Lehrbeauftragter für Tourismus an der Fachhochschule in Samedan, Graubünden tätig, war er von 1998 bis 2003 Professor für Tourismusmanagement und Direktor des Instituts für Tourismus und Freizeitforschung an der Fachhochschule Chur.*

Seit 2003 ist er Professor an der Universität St. Gallen und Vizedirektor am Institut für Systemisches Management und Public Governance (IMP-HSG). Seit 2004 leitet er den Master-Studiengang in Marketing, Dienstleistung und Kommunikation an der Universität St. Gallen. Er ist Gastdozent für Tourismus-Management an Universitäten in der Schweiz, Österreich, Italien und Deutschland. Darüber hinaus ist er Verwaltungsratspräsident der Heidiland Tourismus AG und Verwaltungsratspräsident der Tourismus Ostschweiz AG. Er berät Fremdenverkehrsunternehmen und öffentliche Institutionen in Fragen des Destinations-Managements und Marketings, der Tourismuspolitik und des strategischen Managements.

1. Einleitung

Unternehmerisches Handeln und Wirken im Tourismus hat eine lange Tradition. Schon seit der frühen Industrialisierung in der Branche, in der zweiten Hälfte des 19. Jahrhunderts, haben sich einzelne Akteure mit den geschäftlichen Opportunitäten dieses stark von der Nachfrage geprägten Phänomens auseinandergesetzt.

Sehr früh wurden vor allem in der Schweiz Bergbahnen und Großhotels dank der Initiative von privaten Investoren – darunter auch Einheimische – erstellt. In dieser Zeit stand die Zugänglichkeit der Angebote und des Alpenerlebnisses als Kulisse im Vordergrund. Die Gäste waren vor allem noble Familien aus Europa, später auch die neue Bourgeoisie. Die Zwischen- und Nachkriegszeit läutete dann eine neue Stufe des Unternehmertums ein. Getrieben durch eine zahlenmässig rapide wachsende und mobilere Nachfrage, die Notwendigkeit einer breiten Bevölkerungsschicht Ruhe, Erholung und Aktivsport zu geniessen und zu kombinieren sowie durch eine stärkere Differenzierung der Gästegruppen in unterschiedlichen Segmenten, entstanden immer mehr neue Urlaubsdestinationen in den Alpentälern. Die ersten Destinationen waren schon damals charakterisiert durch stark diversifizierte und fragmentierte Angebotsnetzwerke. Die Angebotskapazitäten wuchsen rasch heran, die Hauptsaison verschob sich vom Sommer (bis vor rund 100 Jahren) in den Winter (ab Mitte vergangenen Jahrhunderts).

Die Unternehmer in den Alpen haben sich an diese Veränderungen angepasst. Die Grossbetriebe entwickelten sich zu dominanten privaten oder öffentlichen Aktiengesellschaften oder wurden in einzelnen Fällen in die grossen internationalen Hotelketten und Konzerne integriert. Die kleinen Familienbetriebe (Gasthöfe, Pensionen), welche die vergangenen Jahrzehnte überlebt haben, sind erfolgreich in der Nische positioniert oder sind durch Angebotserweiterungen weiter gewachsen und verlangen von den Inhabern eine zunehmende Risikobereitschaft. Die heutige Marktsättigung für Freizeiturlaub in den Alpen, gerade in den Stammmärkten Europas, fordert einen privaten Inhaber nicht nur die lokalen Verhältnisse gut einzuschätzen, sondern gerade auch was die zukünftige Marktentwicklung angeht, eine gute Nase zu haben und rechtzeitig zu handeln (Vgl. Pechlaner, Summerer, Peters, & Matzler, 2003; Weiermair, 2007). Diese Ausgangslage beschränkt sich nicht nur auf Hoteliers und Inhaber/Betreiber von Bergbahnen, sondern betrifft auch die Kleinunternehmen in den Destinationen, zu denen auch Restaurants, Sportartikel-Vermietungs- und Handelsbetriebe, Schneesportschulen, Betreiber von Freizeitanlagen, etc. gehören. Auch wenn einige der gerade genannten Unternehmenstypen öffentlich oder halböffentlich geführt werden und sie nicht gänzlich einem einzelnen Eigentümer gehören, ist – wie wir später sehen werden – ebenfalls unternehmerisches Handeln von zentraler Bedeutung.

Dieser Beitrag präsentiert im nächsten Abschnitt eine Reihe von typischen Herausforderungen, mit denen sich Unternehmer im Tourismus generell im Alpenraum konfrontiert sehen. Im darauffolgenden Abschnitt werden fünf Prinzipien vorgestellt, die als Antwort zu den Herausforderungen verstanden werden. Der abschliessende Teil liefert einen bewusst kritischen Ausblick.

2. Herausforderungen des Tourismus in den Alpen

Die Herausforderungen für Unternehmer in der Tourismusbranche sind mannigfaltig (Weiermair, Peters, Pechlaner, & Kaiser, 2007) und setzen den Rahmen für Entscheidungen und Handlungen fest. Darunter zählen wir zum Beispiel die Ko-Produktion durch die Nachfrage/ das uno-actu-Prinzip (z.B. Smith, 1994) mit weitreichenden Konsequenzen für die Leistungserstellung (Maggi, 2014), die Nicht-Lagerfähigkeit bereitgestellter Kapazitäten, oder auch die verkehrsbedingten Maßnahmen, damit Touristen überhaupt sicher, rasch und bequem eine Destination erreichen (für eine Übersicht siehe Kaspar, 1995). Was unternehmerisches Handeln im Tourismus in den Alpen besonders schwer macht, sind jedoch die folgenden sechs Herausforderungen:

1. dynamische Nachfrage,
2. ausgeprägte Saisonalität,
3. Kombination von Aktivitäten und Attraktionen,
4. starke Abhängigkeiten in der Dienstleistungskette,
5. Eigenheiten der lokalen Kultur,
6. fragile und regulierte Umweltsysteme.

2.1. Dynamische Nachfrage

Aus praktischer Sicht lohnt es sich, den Tourismus als soziales Phänomen zu betrachten, das wirtschaftliche Opportunitäten für Akteure und Unternehmen schafft (Beritelli, Laesser, Reinhold, & Kappler, 2013). Gäste besuchen schließlich primär eine Destination auf der Basis von Empfehlungen anderer Menschen, die selber schon einmal dort gewesen sind

(Mund-zu-Mund Werbung) (Bieger & Laesser, 2002, 2008). Auch finden oft Gruppenentscheide statt, wenn ein passendes Angebot verfügbar ist und die Risiken, die mit dem Entscheid verbunden sind, einen genügend hohen Endnutzen für alle ausweisen müssen (Gitelson & Kerstetter, 1995). Letztendlich werden die meisten Reisen in der Gruppe angetreten (Laesser, Beritelli, & Bieger, 2009).

Der soziale Einfluss in der Nachfrage ist die dominanteste Kraft und verändert diese auf gesellschaftlicher Seite immer wieder, z.B. demographisch oder bezüglich Präferenzen für Freizeittätigkeiten. Der zunehmende Wandel ist auch im Tourismus nicht wegzudenken. Konzeptuelle Ansätze, die diese Dynamik beschreiben und somit das Aufkommen und den Niedergang von Märkten und Segmenten postulierten (Cohen, 1972; Plog, 1973), sind mittlerweile dank des Fortschritts in der Forschung auch empirisch auf unterschiedliche Art belegt (Crouch, 2013; Shoval & Isaacson, 2007, 2010). Hierzu seien zwei konkrete Beispiele beschrieben.

Erstens, gerade der Alpenraum wurde durch verschiedene Generationen von Gästen immer wieder neu erfunden. So löste der Kurtourismus vor rund 100 Jahren die Sommerfrische ab. In der Vorkriegszeit kamen Wandern und Bergsteigen sowie die ersten Schnee- und Eissportarten auf. Erst seit den späten 1950er können wir vom Skisport als „solides“ Geschäftsmodell für Alpendestinationen sprechen. Neuere Formen des (ruhigeren) Wanderns und die Entwicklung von Wellnessangeboten, sind typische Antworten in den 1990er Jahren gewesen auf eine alternde „Baby-Boomer Generation“, die nicht mehr nur Skifahren will/kann. Das heutige Aufkommen des barrierefreien Tourismus auch in den Alpen ist die weitere logische Konsequenz dieser unhaltbaren demographischen Entwicklung dieser Altersgruppe. Zweitens, der aktuelle Trend für verschiedene Formen des Bikens (von den Mountain-Bikes bis zu den E-Bikes) ist getrieben durch das anhaltende Bedürfnis verschiedener Leistungsgruppen, Distanzen auf unterschiedlichem Gelände zu überwinden und weiterhin die, Landschaft zu geniessen‘. Von den traditionellen Formen des Wanderns unterscheidet es sich hier wohl nur, weil der technologische Fortschritt und die bessere Erschliessung das „Biking“ attraktiver gemacht haben. Auch hier sind durch die bessere Verkehrserschließung und den technologischen Fortschritt gesellschaftliche Entwicklungen („Trends“) in der Nachfrage entstanden, die überhaupt die Basis für diese aktuell vielversprechende Urlaubsaktivität bilden.

Unternehmer in den Alpen müssen also mit einer Nachfrage rechnen, die sich im Gleichschritt mit der gesellschaftlichen Entwicklung verändert. Was für die erste Generation noch im Trend lag, ist für die nächste nicht attraktiv genug oder wird ganz einfach nicht als Option berücksichtigt. Die Antwort auf der Angebotsseite, vor allem was die Infrastrukturen und Services angeht, hinkt meist nach und stellt Inhaber und Geschäftsführer vor immer neue Scheidewege. Wenn ein Unternehmer neue Ideen und Visionen realisieren will, kann er nur erfolgreich sein, wenn diese Ideen auch vom Markt honoriert werden. So ist eine „Invention" bei weitem noch keine „Innovation" (Porter, 1980; Schumpeter, 1952). Letztere wird durch die Nachfrage erst möglich, und schließlich rechnet sie sich dann auch (Pikkemaat & Peters, 2006; Pikkemaat & Weiermair, 2004; Weiermair & Peters, 2006). Innovation, aus der Sicht des Unternehmers, setzt nicht nur voraus, dass seine Idee überzeugend wirkt und weitere Partner in der Destination einbindet, sondern dass die gemeinsam getragene Initiative auch marktfähig ist. So ist die Realisierung von Innovationen nicht nur eine betriebliche Notwendigkeit, sondern verlangt die Bereitschaft Investitionen zu tragen, die weit über die eigene betriebliche Perspektive reichen müssen (Bieger, Beritelli, Weinert, & Zumbusch, 2012). Schließlich operiert jeder Akteur im Rahmen eines fragmentierten Leistungserstellungsprozesses (siehe auch dazu Punkt 4).

2.2. Ausgeprägte Saisonalität

Was als Selbstverständlichkeit für Urlaubsdestinationen im Alpenraum gilt, hat einen nicht gerade trivialen und zwingenden Hintergrund. Saisonale Schwankungen in der Nachfrage in den Alpen bevorzugen heute in der Regel den Winter, während die anderen Jahreszeiten bezüglich Frequenzen und vor allem bezüglich Rentabilität eine geringere Bedeutung spielen. Diese ausgeprägte Saisonalität ist jedoch eine Herausforderung, die gerade durch unternehmerische Weitsicht und beherzte Entscheidungen vermindert werden kann.

Erstens, war das nicht immer so. Vor ziemlich genau 100 Jahren war es gerade umgekehrt: für den Alpentourismus war der Sommer bedeutender als der Winter. Hier zeigt sich, wie relativ rasch (innerhalb von rund vier Generationen) die Geschäftswelt auf dem Kopf stehen kann. Wer schon damals auf nicht nur saisonal getriebene Nachfrage setzte, sondern auch mehrere unbedeutende Nischen besetzte, hat den Wandel langfristig besser bewältigt. Zweitens, wenn wir Alpendestinationen betrachten, die über längere Zeiträume sich behaupten konnten, stellen wir fest, dass die Besuchervielfalt und die entsprechende Angebotsbreite sich als Wettbewerbsfaktoren herauskristallisiert haben gegenüber den anderen Orte und Regionen, die nur auf eine einzige oder eine dominante Urlaubsform (in diesem Fall meistens Skifahren für eine bestimmte sozio-demographische und -ökonomische Zielgruppe) gesetzt haben. Wer also auf mehrere Nachfrageformen und -muster gleichzeitig setzt (Lew & McKercher, 2006; Lue, Crompton, & Fesenmaier, 1993; Lundgren, 1982; Oppermann, 1995), partizipiert an mehreren ökonomischen Systemen (Beritelli, 1997; Choy, 1992; Haywood, 1998; Miossec, 1977; Russell & Faulkner, 2004; Tremblay, 1998). So werden die Geschäftsrisiken, ähnlich einer Strategie, die ein reiches Portfolio bevorzugt, gemindert und zukünftige Chancen bewahrt. Ein reichhaltiges Portfolio an Besucherströmen mit ebenso vielen Angebotssystemen zu unterhalten, ist jedoch für ein einzelnes Unternehmen praktisch unmöglich. Hier lohnt es sich im Verbund, Aktivitäten und Attraktionen aufzubauen und weiter zu entwickeln.

2.3. Attraktionen und Aktivitäten

Die Entwicklung und Gestaltung von starken Attraktionspunkten im Tourismus hat vor allem seit Beginn der 2000er Jahren grosses Interesse geweckt (Bieger & Laesser, 2003; Pechlaner, Bieger, & Weiermair, 2006). Auch wenn es im Tourismus unterschiedliche Arten davon gibt[1], lässt sich festhalten, dass Attraktionspunkte durch ihre Konzentration von Infrastrukturen und Services im Raum die Grundlage bieten, über längere Zeit unterschiedliche Aktivitäten für unterschiedliche Touristen anzubieten. Durch ihre relative Stabilität in der Zeit erlauben Attraktionspunkte auch die Anpassung/Neuschaffung verschiedener Aktivitäten und sind somit nicht nur Eckpfeiler für die Wettbewerbsfähigkeit einer Destination, sondern auch die Grundlage für die langfristige Wiedererkennung und Differenzierung des Ortes/der Region mit einem profilierten – und bei mehreren Attraktionen auch ein differenziertes – Image.

Unternehmer sind gefordert, sich an der Entwicklung von Attraktionen zu beteiligen, denn letztere sind die Dreh- und Angelpunkte funktionierender Angebotssysteme. Die folgende Abbildung visualisiert, wie vor allem polyvalente – also für mehrere Nachfrageströme von Gästen gleichzeitig

[1] Im Alpenraum sind vor allem jene Attraktionen bekannt, die sich auf Panorama-Bergen entwickelt haben, z.B. auf dem Jungfraujoch, auf der Rigi, auf dem Titlis, alle in der Schweiz gelegen. Weitere Attraktionen sind durch zentrale, wetterunabhängige Freizeitinfrastrukturen geschaffen worden, z.B. Tirol Therme, Längenfeld oder Area 47, beide im Ötztal, Österreich. Allen gemeinsam ist ein möglichst breites, räumlich kompaktes Aktivitätsangebot mit einer regionalen bis internationalen Anziehungskraft (eben „Attraktion“).

wirksame – Attraktionen für die gesamte Destination von grosser Bedeutung sind.

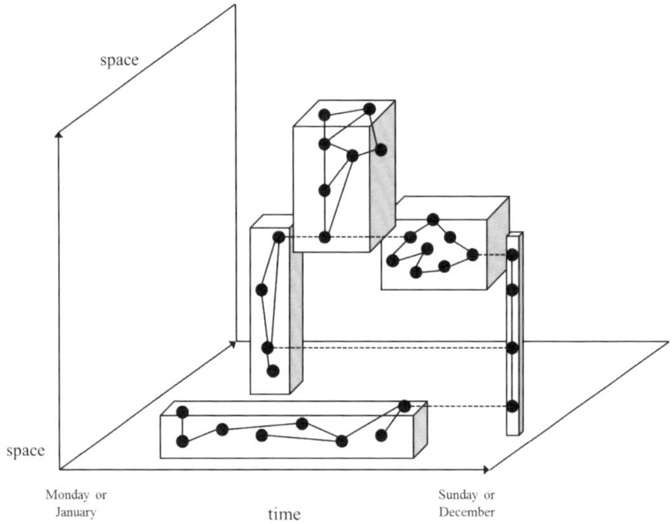

Abbildung 1: Mehrere miteinander verbundene Angebotssysteme durch (polyvalente) Attraktionen (gestrichelte Verbindungen)

Quelle: Beritelli, Bieger, & Laesser (2014)

Je mehr Attraktionen mit möglichst unterschiedlichen Aktivitäten es gibt, desto reicher ist das Angebotsportfolio, desto höher sind die Chancen für dessen Weiter-/Neuentwicklung, desto geringer ist das Klumpenrisiko für alle Beteiligten. Die grosse Herausforderung an dieser Stelle ist, jeweils zu entscheiden (1) um welche Art von Attraktion es sich handeln soll, (2) wo diese stehen wird, (3) wer sich daran beteiligen wird, (4) respektive wie sie finanziert wird und (5) wer davon letztendlich profitiert. Vor allem die letzte Fragestellung lässt sich mithilfe der neuesten Forschungserkenntnisse rund um die Bildung von Angebotsnetzwerken und den Abhängigkeiten zwischen den Unternehmen untereinander immer besser beantworten.

2.4. Abhängigkeiten in der Dienstleistungskette

Angebotssysteme funktionieren wie Dienstleistungsketten, die durch die Besucher aktiviert werden (Zach, Gretzel, & Fesenmaier, 2008). Neuere Untersuchungen haben gezeigt, dass unterschiedliche Dienstleistungsketten – meistens werden sie als Netzwerke dargestellt – unterschiedliche Anbieter-Konstellationen aufweisen (Hwang, Gretzel, & Fesenmaier, 2006; Shih, 2006). Dies führt dazu, dass auch je nach Hauptmotiv und –aktivität der

Besucher immer wieder andere Nebenleistungen von den Hauptleistungen/ vom wichtigsten Anziehungselement abhängen. Diese Mechanismen finden nicht nur vor Ort, in der Destination im Rahmen der Leistungserbringung statt, sondern wirken auch schon auf der Nachfrageseite, indem Marktbeeinflusser und -experten (engl. Market Mavens) direkt oder indirekt auf die potenziellen Besucher kommunikativ Einfluss nehmen. Die untenstehende Abbildung visualisiert schematisch die Bedeutung zentraler Angebotselemente (Systemköpfe) und Nachfragebeeinflusser (Market Mavens) sowie oft vorkommende Intermediäre und Vermittler (Portale) (Bieger, Laesser, & Beritelli, 2011).

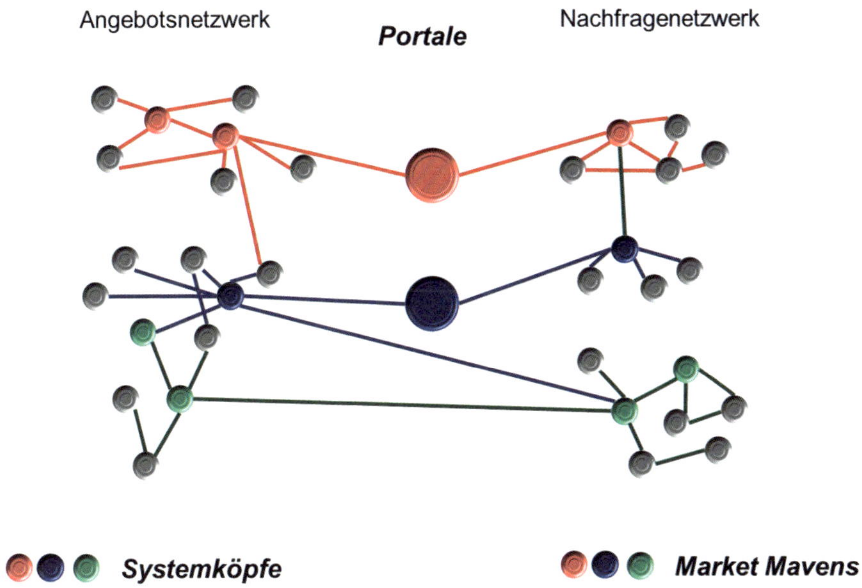

Abbildung 2: Zentrale Elemente im Angebots- (Systemköpfe) und Nachfragenetzwerk (Market Mavens)

Quelle: in Anlehnung an Laesser (2001)

In der Praxis zeigt sich ein recht komplexes Bild, in welchem immer wieder andere Anbieter in den Vordergrund rücken und Verantwortung übernehmen müssen. Eine jüngere Untersuchung im Fall der neu entstandenen sowie der sich weiterentwickelten Besucherströme durch die Skigebietsverbindung Arosa-Lenzerheide (Schweiz) zeigt, dass je nach Dienstleistungsnetzwerk andere Hauptanbieter (groß dargestellt) dominieren und andere Nebendienstleister (klein) sich „ankoppeln" und davon abhängig sind; und dies speziell auf einem Gebiet, wo man eigentlich nur zwei Bergbahnen als Anbieter vermuten würde. Die Angebotsnetzwerke sind weiss, die Nachfragenetzwerke blau dargestellt. Es sind nur die wichtigsten Player gezeichnet.

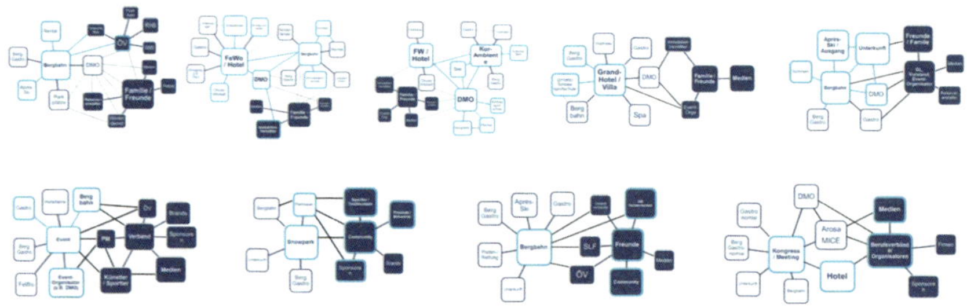

Abbildung 3: Angebotsnetzwerke (weisß) und Nachfragenetzwerke (blau) für Besucherströme auf der Skigebietsverbindung Arosa-Lenzerheide

Quelle:Furrer (2014, pp. 34, 38, 42, 46, 49, 52, 56, 59, 63)

Unternehmertum in einem fragmentierten Angebotssystem wie es typischerweise in den Alpen zu finden ist, kann also nur wirksam sein, wenn sich ein Inhaber oder Entscheider bewusst wird, in welchem Angebotssystem er welche Rolle spielt. Nicht immer ist derselbe Anbieter der wichtigste, nicht immer muss er an jedem Angebotssystem teilhaben. Sogar in kleinräumlichen Verhältnissen wie ein Verbindungsstück von zwei Skigebieten können mehrere unterschiedliche Systeme koexistieren.

2.5. Eigenheiten der lokalen Kultur

So wie die im vorherigen Punkt dargestellte Vielseitigkeit sich auf geschäftlicher Seite manifestiert, so ist das Verhalten der Akteure in der Destination auch auf sozialer Ebene, im Alltagsleben zu beobachten. Dies zeigt sich in verschiedenen Situationen.

Erstens, unterschiedliche Individuen leben unterschiedliche Rollen und denken in unterschiedlichen Logiken (Beritelli, 2011b; Tkaczynski, Rundle-Thiele, & Beaumont, 2009). So steht der Wunsch, eine möglichst homogene, gut planbare, gut abgegrenzte und durch alle Akteure exakt gleich verstandene Destination/Region zu bilden in einem krassen Gegensatz zur Realität. Demokratische Partizipationsprozesse, mit dem Ziel, Einigkeit für alle und für alles herbeizuführen, sind seit den frühen 1990er in verschiedenen Formen durchgeführt worden[2]; mit bescheidener Wirkung. Unterschiedliche Logiken der Akteure (z.B. große vs. kleine Privatunternehmen vs. Gemeinde vs. Tourismusorganisation), vor allem der wichtigen Entscheidungsträger, der sogenannten lokalen Elite (Beritelli, 2011c), führen zu langwierigen und zermürbenden Diskussionen und letztendlich zu gegenseitiger Gleichgültigkeit oder Misstrauen. Das Phänomen der wankelmütigen Akteure (Beritelli, et al., 2014), wo man sich auf gemeinsame Initiativen (oder gar eine Vision/eine Strategie) einigt und dann doch anders handelt, ist bestens bekannt. Schließlich wird gerade die unternehmerische Entscheidungsfreiheit jederzeit aufgrund konkreter Situationen genutzt; auch wenn diese nur einen Kleinbetrieb wie z.B. einen Sportartikelhändler betrifft. Wenn weitreichende Entscheidungen für grössere Projekte getroffen werden, die alle gleichzeitig betreffen, sind eher zufällig entstandene, günstige Akteurs-Konstellationen und der externe Handlungsdruck notwendig gewesen (Beritelli & Reinhold, 2010).

Zweitens, die lokale Kultur bildet einen manchmal flexiblen und dehnbaren, manchmal einen zähen Kitt im Beziehungsnetzwerk der Akteure und der Organisationen. Einerseits ist gerade in abgelegenen Alpentälern mit einer geringen Bevölkerungszahl die Wahrscheinlichkeit groß, dass sich spezielle Formen der Kommunikation und des gegenseitigen Verständnisses bilden. Andererseits ist das Vernetzungspotenzial mit der „Aussenwelt" immer auch eingeschränkt und muss gezielt gesteigert werden. So können sich beispielsweise durch Beteiligungen und Investitionen von außen dazu gekommene Individuen in das Beziehungsgefüge einbringen. Dabei hat sich in einer Studie zu Überkreuzmandaten gezeigt, dass je kleiner die Gemeinschaft ist, desto eher werden in den Geschäftsnetzwerken die Lokalen und die Externen unter sich sein (Beritelli, Strobl, & Peters, 2013).

Drittens, wenn früher für eine Destination in den Alpen eine einzige Führung und Gestaltung angenommen wurde, so wie es für eine politisch-administrative Einheit sein könnte, muss dies heute nicht nur aus unternehmerisch-praktischer, sondern auch aus system-wissenschaftlicher Sicht widerlegt werden. Unternehmertum ist faktisch allgegenwärtig. Unternehmerische Entscheidungen werden jederzeit und überall in unterschiedlichen Situationen getroffen. Wenn also eine unternehmerische Führung in einem Kontext einer Alpendestination stattfindet, dann ist sie verteilt nicht geteilt, dezentral nicht zentral, zeitlich versetzt nicht

[2] Speziell zu erwähnen sind hier die Leitbildentwicklungsprozesse in alpinen Destinationen, die vor allem in den 1990er und 2000er Jahren üblich gewesen sind.

gleichzeitig und somit auch emergent (auftauchend) (Beritelli & Bieger, 2014).

Viertens, Zusammenarbeit ist spezifisch und selektiv, nicht generell und allumfassend. Die Notwendigkeit, in den Dienstleistungsketten mit anderen Anbietern und Akteuren zusammenzuarbeiten, setzt das fundierte Verständnis des Geschäftssystems/der Geschäftssysteme voraus, in denen man tätig ist. Kooperation muss nicht mit jeder Person und jeder Organisation realisiert werden, sondern richtet sich in erster Linie an den Zweck und an den resultierenden Nutzen (1) für die Gäste, (2) für das handelnde Unternehmen und (3) schließlich für die Gemeinschaft. Dabei hat sich auch gezeigt, dass die Wahrscheinlichkeit zu kooperieren durch die Qualität der persönlichen Beziehungen über einen längeren Zeitraum[3] geprägt wird (Beritelli, 2011a).

Erfolgreiches Unternehmertum in alpinen Destinationen und in deren Gemeinschaften setzt somit voraus, dass unterschiedliche Formen der Zusammenarbeit in einem Umfeld von Koopetition (Brandenburger & Nalebuff, 1996) und bei weitgehender Entscheidungs- und Handlungsautonomie entstehen, in Einklang mit den lokalen Spielregeln, die sich jedoch auch immer wieder ändern. Dabei muss auch berücksichtigt werden, dass insbesondere die Nutzung von öffentlichen Ressourcen für Leistungserstellungsprozesse zusätzliche Grenzen setzt.

2.6. Fragile und regulierte Umweltsysteme

Probleme der Übernutzung der natürlichen Ressourcen wie beispielsweise der Landschaft im alpinen Tourismus sind schon früh erkannt und beschrieben worden (Krippendorf, 1975, 1986). Ähnlich wie im Fall von Inseln und Küstengebieten am Meer, wird mit fragilen und oft unsteten Rahmenbedingungen gearbeitet (z.B. als natürlich wahrgenommene Landschaften und Wälder in den Alpen, saubere Strände und klares Meerwasser in Küstendestinationen). Darüber hinaus werden diese Ressourcen von allen Akteuren als öffentliche Güter betrachtet, für welche nur in wenigen Fällen ein Preis für den Gegenwert der Nutzung zu entrichten ist.

Im Vergleich zu anderen Berg-Erlebnisräumen auf der Welt ist von vielen Regierungen auf Landes- und Regionalebene die Steuerung und Kontrolle der Nutzung der Alpen als Territorium früh erkannt worden. Skigebiets-

[3] Insbesondere über Kommunikationsfrequenz und -intensität, Vertrauen, Mehrrundenspiele und daraus entstehende gegenseitige Sympathie.

entwicklungen oder deren Erweiterungen, Neubauten in der Hotellerie, die Entwicklung von größeren Freizeitattraktionen, oder auch die Entstehung neuer Angebote in der Parahotellerie werden mittlerweile durch ein engmaschiges Geflecht an Gesetzen unterschiedlichster Art eingerahmt. Was als neue Idee/Vision im Kopf eines Unternehmers entsteht, muss nicht nur den Test der subjektiven Wahrnehmung durch die anderen Einwohner in der Gemeinschaft bestehen. Es muss auch den Gesetzen und Normen genügen, die einen respektvollen und nachhaltigen Umgang mit der Umwelt anstreben.

Unternehmertum in den Alpen ist somit auch immer wieder lokalgemeinschaftlich und umweltgesetzlich eingerahmt und – oft so von den Betroffenen beklagt – auch „eingeschränkt".

3. Konsequenzen für Unternehmer in den Alpen

Die Konsequenzen für erfolgreiches Unternehmertum im alpinen Tourismus liegen auf der Hand. Sie lassen sich mit den folgenden fünf Punkten zusammenfassen:

1. Besucherströme „fühlen", rekonstruieren, analysieren,
2. Angebotsnetzwerke selektiv bearbeiten und spezifisch Verantwortung übernehmen,
3. unterschiedliche Formen der Kooperation und der Koordination gezielt initiieren,
4. an der (Weiter)-entwicklung von Attraktionen partizipieren,
5. das eigene unternehmerische Handeln lokal einbetten.

Die gefühlsmäßige, und besser noch systematische, Beobachtung und das Verständnis der Entstehung, Entwicklung und des Niedergangs von Besucherströmen führt zu einer marktorientierten Perspektive, die jedem Unternehmer ermöglicht am Puls des Geschehens zu bleiben. Erst darauf aufbauend kann ein ebenso fundiertes Verständnis darüber, wie Dienstleistungsnetzwerke entstehen, gewonnen werden. So werden auch neue Geschäftschancen spezifisch und durch gezielte Kooperation genutzt. Die Weiterentwicklung und Diversifizierung von Angebotselementen, insbesondere von polyvalenten Attraktionen, bereichert das Portfolio an Besucherströmen. Dies führt zu einer Minderung der Saisonalität und zu einer geringeren Abhängigkeit von nicht beeinflussbaren Faktoren wie das Wetter. Ein aktiver Unternehmer kann über diesen Weg scheinbar unkontrollierbare Entwicklungen zumindest ohne Lobbying mit dem Staat beeinflussen. Schliesslich ist eine langfristige Akzeptanz vor Ort nur gewährleistet, wenn Ideen und Projekte in Abstimmung mit den lokalen/ regionalen räumlichen und gesellschaftlichen Rahmenbedingungen und Spielregeln (Governance) vorangetrieben werden.

4. Ein kritischer Ausblick

Die Alpen dürfen als wohl größte Urlaubs- und Erlebnisbühne der Welt betrachtet werden. Der Wandel vom „locus horribilis" zum „locus amoenus" im 18. Jahrhundert und die darauffolgende touristische Industrialisierung, die vor rund 150 Jahren eingeleitet wurde, darf angesichts der heutigen gesellschaftlichen Entwicklung in den Stammmärkten Europas eine langfristige Reifephase erreicht haben.

Einzelne Orte und Talschaften gewinnen zusätzliche Frequenzen nur auf Kosten anderer Destinationen. Der generelle Druck, Interkontinentalmärkte intensiver zu bearbeiten, darf auch als Symptom einer Suche nach neuen Geschäftsmöglichkeiten in einer Krise gesehen werden. Das Skifahren, das als Breitensport für die jüngsten Entwicklungsschübe seit den 1960er Jahren gesorgt hat, ist weiterhin in gewissen Regionen Garant für Einkommen und Arbeitsplätze. Doch auch hier muss mit einer schrumpfenden Nachfrage gerechnet werden. Die Klagen um den Klimawandel und die steigenden Risiken rund um Schnee- und Schönwettergarantie sollten nicht darüber hinwegtäuschen, dass der zunehmende Verdrängungswettbewerb auch innerhalb des Alpenraumes seinen Ursprung auf der Seite der Nachfrage hat. Wie kann ein Unternehmer in diesem Umfeld erfolgreich bestehen?

Unternehmerisch denkende und auch teilweise mit den dafür nötigen materiellen Mitteln ausgestattete Personen haben immer die Wahl gehabt, dem Standort treu zu bleiben oder auch anderswo, insbesondere außerhalb der Alpen, ihr Glück zu machen. In einigen Alpentälern findet heute schon ein „brain-drain" von Unternehmerpersönlichkeiten statt, der im Gleichschritt mit der leisen Entvölkerung geht. Dort wo kein guter Nährboden für Geschäftsgelegenheiten besteht, wo die Angebotsdichte und -breite fehlt und wo vor allem die Besucherströme einseitiger und zahlenmäßig geringer werden, ist die wahrgenommene Chance für einen ökonomischen Nutzen gering. Wir müssen also akzeptieren, dass der Standortnachteil der Alpen trotz der Hochblüte des Tourismus der vergangenen rund 50 Jahre sich durchschlagen wird. Dies gibt jedoch auch dem „System Alpen" eine Möglichkeit, sich besser zu differenzieren. Vielleicht werden größere

Gebiete wieder stärker der Natur übergeben, während andere Räume sich als konzentrierte Wirtschafts- und Lebensräume herauskristallisieren werden. Gerade hier wird Unternehmertum sich besser entfalten können. Hier wird auch die Erneuerung des Tourismus in den Alpen möglich werden, dank einer weitgehenden Nutzung von Freiräumen für unternehmerische Entscheidungen und Taten.

Literaturverzeichnis

Beritelli, P. (1997). *Relevanz und Nutzen des Lebenszykluskonzeptes für touristische Destinationen.* Doctoral Dissertation, St. Gallen, Difo-Druck, Bamberg.

Beritelli, P. (2011a). Cooperation among prominent actors in a tourist destination. *Annals of Tourism Research, 38*(2), 607-629.

Beritelli, P. (2011b). Do actors really agree on strategic issues? - Applying consensus analysis of stakeholder perceptions in tourist destination communities. *Tourism Analysis, 16*(4), 219-241.

Beritelli, P. (2011c). *Tourist destination governance through local elites - Looking beyond the stakeholder level.* Post-doctoral thesis, University of St. Gallen, St. Gallen.

Beritelli, P., & Bieger, T. (2014). From Destination Governance to Destination Leadership – Defining and exploring the significance with the help of a systemic perspective. *Tourism Review, 69*(1).

Beritelli, P., Bieger, T., & Laesser, C. (2014). The new frontiers of destination management – Applying variable geometry as a function-based approach. *Journal of Travel Research, 53*(4), 403–417.

Beritelli, P., Laesser, C., Reinhold, S., & Kappler, A. (2013). *Das St. Galler Modell für Destinationsmanagement - Geschäftsfeldinnovation in Netzwerken*. St. Gallen: IMP-HSG.

Beritelli, P., & Reinhold, S. (2010). Explaining decisions for change in tourist destinations: The garbage can model in action. In P. Keller & T. Bieger (Eds.), *Managing change in tourism. International Tourism Research and Concepts.* (Vol. 4, pp. 137-152). Berlin: ESV.

Beritelli, P., Strobl, A., & Peters, M. (2013). Interlocking directorships against community closure: a trade-off for development in tourist destinations. *Tourism Review, 68*(1), 21-33.

Bieger, T., Beritelli, P., Weinert, R., & Zumbusch, K. (2012). Touristische Innovationsförderung durch den Staat: Eine kritische Betrachtung mit Empfehlungen. *Zeitschrift für Tourismuswissenschaft, 4*(1), 21-37.

Bieger, T., & Laesser, C. (2002). Travel market Switzerland 2001: Basic report and database specification. *Institut für Öffentliche Dienstleistungen und Tourismus, St. Gallen, Switzerland.*

Bieger, T., & Laesser, C. (2003). *Attraktionspumkte*. Bern: Haupt.

Bieger, T., & Laesser, C. (2008). Travel market Switzerland 2007: Basic report and database specification. *Institut für Öffentliche Dienstleistungen und Tourismus, St. Gallen, Switzerland.*

Bieger, T., Laesser, C., & Beritelli, P. (2011). *Destinationsstrukturen der 3. Generation - Der Anschluss zum Markt* (pp. 34). St. Gallen: University of St. Gallen, IMP-HSG.

Brandenburger, A. M., & Nalebuff, B. J. (1996). *Co-opetition*. New York: Doubleday.

Choy, D. J. L. (1992). Life cycle models for Pacific island destinations. *Journal of Travel Research, 30*(3), 26-31.

Cohen, E. (1972). Toward a sociology of international tourism. *Social Research*, 164-182.

Crouch, G. I. (2013). Homo sapiens on Vacation: What Can We Learn from Darwin? *Journal of Travel Research.*

Furrer, A. (2014). *Neue Gästeströme und Geschäftsfelder nach der Skigebietsverbindung Arosa-Lenzerheide.* Master Thesis, St. Gallen, St. Gallen.

Gitelson, R., & Kerstetter, D. L. (1995). The influence of friends and relatives in travel decision-making. *Journal of Travel & Tourism Marketing, 3*(3), 59-68.

Haywood, K. M. (1998). Economic business cycles and the tourism life-cycle concept. In K. G. Debbage & D. Ioannides (Eds.), *The Economic Geography of the Tourist Industry. A Supply-Side Analysis.* New York: Routledge.

Hwang, Y.-H., Gretzel, U., & Fesenmaier, D. R. (2006). Multicity trip patterns: Tourists to the United States. *Annals of Tourism Research, 33*(4), 1057-1078.

Kaspar, C. (1995). *Management im Tourismus.* Bern: Verlag Paul Haupt.

Krippendorf, J. (1975). *Die Landschaftsfresser: Tourismus und Erholungslandschaft-Verderben oder Segen?* : Hallwag.

Krippendorf, J. (1986). Alpsegen-Alptraum. Bern. *Alpenregion und Fremdenverkehr.*

Laesser, C. (2001). Aufgaben des Destinationsmanagements und Herausforderungen für eine zukunftsorientierte Tourismuspolitik. In H. Pechlaner, K. Weiermair & C. Laesser (Eds.), *Tourismuspolitik und Destinationsmanagement* (pp. 77-122). Bern: Haupt.

Laesser, C., Beritelli, P., & Bieger, T. (2009). Solo travel: Explorative insights from a mature market (Switzerland). *Journal of Vacation Marketing, 15*(3), 217-227.

Lew, A. A., & McKercher, B. (2006). Modeling tourist movements: A local destination analysis. *Annals of Tourism Research, 33*(2), 403-423.

Lue, C. C., Crompton, J. L., & Fesenmaier, D. R. (1993). Conceptualization of multi-destination pleasure trips. *Annals of Tourism Research, 20*(2), 289-301.

Lundgren, J. O. J. (1982). The tourist frontier of Nouveau Quebec: functions and regional linkages. *Tourism Review, 37*(2), 10-16.

Maggi, R. (2014). *"Get there", "Stay there", "Live there" - Household production of the tourist experience and its implications for destinations.* Paper presented at the 2nd Biennial Forum "Advances in Destination Management", June 10-13, 2014, St. Gallen (Switzerland).

Miossec, J. M. (1977). Un modèle de l'espace touristique. *Espace géographique, 6*(1), 41-48.

Oppermann, M. (1995). A model of travel itineraries. *Journal of Travel Research, 33*(4), 57-61.

Pechlaner, H., Bieger, T., & Weiermair, K. (Eds.). (2006). *Attraktions-Management.* Wien: Linde.

Pechlaner, H., Summerer, M., Peters, M., & Matzler, K. (Eds.). (2003). *Unternehmertum in der Hotellerie: Management und Leadership.* Bozen: EURAC Research.

Pikkemaat, B., & Peters, M. (2006). Towards the measurement of innovation - A pilot study in the small and medium sized tourism industry. *Journal of Quality Assurance in Hospitality & Tourism, 6*(3/4), 89-112.

Pikkemaat, B., & Weiermair, K. (2004). Zur Problematik der Messung von Innovationen bei komplexen, vernetzten Dienstleistungen-dargestellt am Beispiel der touristischen Dienstleistung *Dienstleistungsinnovationen* (pp. 359-381). Wiesbaden: Gabler.

Plog, S. C. (1973). Why destination areas rise and fall in popularity. *Cornell Hotel, Restaurant & Adminstration Quarterly, 14*(3), 13-16.

Porter, M. E. (1980). *Competitive strategy.* New York: Free Press.

Russell, R., & Faulkner, B. (2004). Entrepreneurship, chaos and the tourism area lifecycle. *Annals of Tourism Research, 31*(3), 556-579.

Schumpeter, J. A. (1952). *Theorie der wirtschaftlichen Entwicklung: eine Untersuchung über Unternehmergewinn, Kapital, Kredit, Zins und den Konjunkturzyklus.* Berlin: Duncker & Humblot.

Shih, H. Y. (2006). Network characteristics of drive tourism destinations: An application of network analysis in tourism. *Tourism Management, 27*(5), 1029-1039.

Shoval, N., & Isaacson, M. (2007). Tracking tourists in the digital age. *Annals of Tourism Research, 34*(1), 141-159.

Shoval, N., & Isaacson, M. (2010). *Tourist mobility and advanced tracking technologies.* New York: Routledge.

Smith, S. L. J. (1994). The tourism product. *Annals of Tourism Research, 21*(3), 582-595.

Tkaczynski, A., Rundle-Thiele, S. R., & Beaumont, N. (2009). Segmentation: A tourism stakeholder view. *Tourism Management, 30*(2), 169-175.

Tremblay, P. (1998). The economic organization of tourism. *Annals of Tourism Research, 25*(4), 837-859.

Weiermair, K. (2007). Neue Rahmenbedingungen der Individualhotellerie und Gastronomie des 21. Jahrhunderts. In K. Weiermair, M. Peters, H. Pechlaner & M. O. Kaiser (Eds.), *Unternehmertum im Tourismus* (pp. 15-24). Berlin: Erich Schmidt.

Weiermair, K., & Peters, M. (2006). Zur Analyse des Innovationspotenzials der touristischen Wertekette. In B. Pikkemaat, M. Peters & K. Weiermair (Eds.), *Innovationen im Tourismus*. Berlin: Erich Schmidt.

Weiermair, K., Peters, M., Pechlaner, H., & Kaiser, M. O. (Eds.). (2007). *Unternehmertum im Tourismus*. Berlin: Erich Schmidt.

Zach, F., Gretzel, U., & Fesenmaier, D. R. (2008). Tourist activated networks: Implications for dynamic packaging systems in tourism. *Information and communication technologies in tourism 2008*, 198-208.

Birgit Pikkemaat, Harald Gohm

Erfolgreich in den Alpen – Resümee der Herausgeber

Birgit Pikkemaat *(1967) leitet seit 2008 das Institut für innovativen Tourismus und ist karenzierte Ass. Univ.-Prof. der Universität Innsbruck. Von 1992 bis 2008 war sie am Institut für Management, Marketing und Tourismus der Universität Innsbruck tätig und lehrte und forschte insbesondere in den Bereichen Konsumentenverhalten, Qualität und Destinationsmanagement, Innovation und Produktentwicklung im Tourismus. Sie ist gerichtlich beeidete Sachverständige für Tourismusorganisationen und Destinationsentwicklung sowie Lektorin am Management Center Innsbruck und der fh Wien, zudem langjähriges Mitglied der International Association of Scientific Experts in Tourism (AIEST), der Deutschen Gesellschaft für Tourismus (DGT) und des International Center of Research and Education in Tourism (ICRET).*

www.i-fit.at

Harald Gohm *(1969) ist seit 1999 Geschäftsführer der Standortagentur Tirol (vormals Tiroler Zukunftsstiftung) und beschäftigt sich insbesondere mit den Bereichen Innovationsmanagement, Entrepreneurship und regionale Standortentwicklung. Er vertritt das Land Tirol in der Bundesländerplattform des österreichischen Rates für Forschungs- und Technologieentwicklung und ist Lektor an der Leopold Franzens Universität Innsbruck sowie am Management Center Innsbruck, Mitbegründer der Plattform TMI – Tourism meets Industry sowie Vorstandsmitglied einer Tiroler Bankenstiftung.*

www.haraldgohm.com

Am Ende unserer „Reise durch den Alpenbogen“ möchten wir Resümee über unsere Eindrücke aus den in diesem Buch dokumentierten Interviews und Fachbeiträgen ziehen.

Es war unser Bestreben, ein möglichst breites Spektrum an Personen und Wirtschaftsbereichen im Alpenraum darzustellen. Dabei war uns von Beginn an bewusst, dass die Verschiedenartigkeit der InterviewpartnerInnen, von Bern bis Salzburg und vom Chiemsee bis Trient, ihre unterschiedlichsten beruflichen Hintergründe, thematischen Branchen und geographischen Lebensräume, zwangsläufig ein stark heterogenes Bild erzeugen würden. Allerdings lassen sich vielfach Grundmuster erkennen, die eine Aussagekraft wohl über die von uns bereisten Bergregionen in Deutschland, Österreich, der Schweiz und Italien hinaus, für die gesamten Alpen besitzen.

Jeder Standort prägt die dort lebenden Menschen. Doch die Alpen üben eine besonders starke Wirkung auf ihre Bewohner aus. Die tiefe Verwurzelung, sowie das klares Bekenntnis zum *„Standort Alpen“* ist in sämtlichen Interviews klar erkennbar.

Die Alpen sind ein landschaftlich herausragendes und faszinierendes Gebiet. Dieser landschaftliche Reichtum ist auch eine der stärksten Rückmeldungen aus unseren Gesprächen. Auch für uns waren die vielen Reisen durch die Alpentäler zu den InterviewpartnerInnen ein stets beeindruckendes Erlebnis. Diese Wahrnehmung haben also nicht nur Touristen und Geschäftspartner aus aller Welt, sondern auch die vor Ort agierenden UnternehmerInnen. Sämtliche InterviewpartnerInnen hatten uns dies bestätigt. Neben ihrem herausragenden landschaftlichen Reichtum werden die Alpen aber auch sehr stark mit den Begriffen Heimat, Familie und Erfolg assoziiert. Dabei ist es allerdings unterschiedlich, welcher Raum als *Alpen* im engeren Sinn verstanden wird. Wohl eher wird der Gebirgsraum damit assoziiert, als die Wirtschaftsregion.

Die Mehrzahl der InterviewpartnerInnen ließ erkennen, dass die Kindheit und das familiäre Umfeld in den Bergen eine Werte-Welt, geprägt von Begrifflichkeiten wie *Fleiß, Vertrauen, Kameradschaft* und vor allem einem gewissen *Durchhaltevermögen,* entstehen ließ, welche die persönliche Entwicklung und den beruflichen/unternehmerischen Erfolg begünstigte. In diesem Zusammenhang sei erwähnt, dass für uns überraschend oft, *Handschlagqualität* als nach wie vor wichtige Eigenschaft des „ehrbaren Geschäftspartners“ genannt wurde. Sie wird als ein Vertrauensbeweis verstanden, welcher nicht explizit ausgesprochen, sondern grundlegend vom Gegenüber vorausgesetzt wird.

Aber auch eine gewisse *Engstirnigkeit* wurde ebenso als spezifisch für die Eigenschaften der alpinen Bevölkerung genannt.

Berge zwingen zu einer verstärkten Auseinandersetzung mit Naturgegebenheiten und prägen so auch die charakterlichen Eigenschaften der in den Alpen lebenden Menschen. Es ist vom Kampf mit der Natur die Rede und auch von der verstärkten Abhängigkeit gegenüber klimatischen Bedingungen. Umgekehrt gilt der Naturraum aber als inspirierend und befruchtend. Man tankt Kraft und findet in der Natur neue Ideen, da man in den Alpen weniger abgelenkt sei. Man lebt in höherem Maße mit der Natur und ist sensibler, deren Zeichen zu interpretieren, als in urbanen Räumen. Allerdings werden auch Strömungen und Einflüsse von *außen* als geringer eingeschätzt.

Bemerkenswert finden wir die Theorie einer weltweiten Verbundenheit von Menschen, die in Gebirgsregionen leben. Diese hätten einen besonderen Bezug zu ihrer Umwelt und einer nachhaltigen Lebensweise und würden bewusster mit der Natur leben, während für Menschen im urbanen Raum Naturbeziehungen und -wirkungen zunehmend künstlich sichtbar gemacht werden müssen.

Durch die Urbanisierung wird jahrhundertelang überliefertes und angewandtes Wissen sowie Handwerk in den Alpen verloren gehen. Das „Kleine, Echte, Besondere“ gilt es daher zu unterstützen. *Storytelling* bietet dabei eine besondere Vermarktungschance. Der Bezug zu alpinen Wurzeln, zu Heimat und Handwerk wird dabei ebenso vermittelt, wie ein durch Authentizität und Naturverbundenheit geprägter Lebensstil.

Eine große Gruppe der Befragten attestierte den Alpen durch eine zunehmende Nachfrage nach Authentizität und Regionalität, Entschleunigung und dem Echten (Stichwort *Manufaktur)* ein großes Wachstumspotenzial. Auch Trendströmungen zu Gesundheit, sportlicher Bewegung und frischer Luft, verstärken dieses Chancenpotential. Dem alpinen Tourismus wird hierbei eine besondere Stellung und Chance zugesprochen, die Alpen als *Gegenwelt* zu den Städten zu inszenieren – *„nature reloaded“*.

Zur *Offenheit und Toleranz* der Menschen im Alpenraum gibt es unterschiedliche Meinungen. Differenzen zwischen Stadt und Alpen sind gegeben, aber sie sind nicht zu bewerten. Ein verstärkter Dialog zwischen alpinem und urbanem Raum wird begrüßt. Der Anspruch der Städter auf möglichst unberührte und unerschlossene Naturräume und der Wunsch der ländlichen Bevölkerung nach beruflichen Chancen im alpinen Raum, könnten so eine gegenseitige Wertschätzung erfahren.

Ein, auch aufgrund der exponierten Lage, vom Umgang mit Naturgefahren geprägtes Sicherheitsbedürfnis, ist den Menschen in den Alpen eigen. Dieses daraus resultierende Sicherheitsdenken behindere heute oftmals Innovationen. Es werde weiter *gekämpft und fleißig gearbeite*t, aber zu wenig Neues ausprobiert. Dieses *Kämpfen* reiche heute aber nicht mehr aus. Um im globalen Wettbewerb zu bestehen, muss man sich aus der Komfortzone in die Unsicherheit begeben. Nur so werde man *das Neue* finden. Dafür braucht es aber auch eine bestimmte Unzufriedenheit, die den Menschen in den Bergen derzeit fehle, da sie sich einen herausragenden Wohlstand erarbeitet haben. Es fehlt an der notwendigen Innovationskraft und der ehrlichen und strategischen Auseinandersetzung mit dem, *„was in der Welt läuft."*

Sich international zu informieren, andere Regionen aufzusuchen, Ideen zu sammeln und Erfahrungen zu machen, wurde von sämtlichen InterviewpartnerInnen als ein wesentliches Element ihres persönlichen, beruflichen Werdegangs und ihres wirtschaftlichen/unternehmerischen Erfolges gesehen.

Ebenso werden Netzwerke entscheidend für unternehmerischen Erfolg angesehen. Man könne und müsse nicht alles selber können, aber *„man muss jemanden kennen, der jemanden kennt, der das kann."*

Der unternehmerische Erfolg hängt auch davon ab, wie sehr es gelingt, qualifizierte MitarbeiterInnen zu gewinnen. Hier sind Unternehmen in den Alpen besonders gefordert, auch wenn eine hohe Lebensqualität und ein starkes Freizeitangebot Argumente bei der Akquise darstellen. Probleme bereiten den Unternehmen die Raumordnungs- bzw. Siedlungspolitik sowie (Bau-)Vorschriften. Die Unternehmen wollen freier agieren, Nutzungskonflikte und der begrenzte Raum schränken sie allerdings ein. Strategisch wird aufgrund der hohen Produktions- und Lohnkosten im alpinen Raum ganz klar eine Differenzierungs- bzw. Qualitätsstrategie angestrebt. Wachstum müsse darüberhinaus neu definiert werden. Nicht quantitativ sondern qualitativ. Hierbei kann eine im Unternehmen strategisch und ganzheitlich verankerte Nachhaltigkeitsstrategie Potenzialräume eröffnen.

Als weitere Erfolgskriterien wurden uns Flexibilität, hundertprozentige Identifikation mit dem Produkt, Mut, Durchhaltevermögen und auch das notwendige Glück genannt.

Daraus ein generelles *„Erfolgsrezept für Unternehmertum in den Alpen"* abzuleiten, wäre vermessen. Es lassen sich aber Erfolgsparameter für ein zukunftsgerichtetes Wirtschaften im alpinen Raum, der durch seine Berge die Familien erfolgreicher UnternehmerInnen stark prägt, festmachen:

Bis auf wenige Ausnahmen haben alle InterviewpartnerInnen der Heimat temporär den Rücken gekehrt, um neue Erfahrungen zu sammeln und mit den neuen Inspirationen heimzukehren, da sie sich der Familie und der Heimat verbunden fühlen. Sie schätzen und leben die in den Alpen vorherrschenden Werte und fühlen sich der Region sehr verbunden. Zudem schätzen sie eine hohe Lebensqualität in den Alpen und sind bereit, Verantwortung zu übernehmen. Als große Chance für den Alpenraum wird eine Rückbesinnung zur Natur, zur Authentizität, zum Echten und Kleinen gesehen. Damit ist auch eine *Neuinszenierung* ursprünglicher Ressourcen verbunden. Diese Rückbesinnung wird durch eine moderne *Alpenstory* kommuniziert und zeigt authentische Menschen, die hinter dem Produkt stehen und den Kunden emotionalisieren. Unter dem Blickwinkel der zunehmenden Urbanisierung, bieten die Alpen (touristisch) ein Gesundheits- und Bewegungsrefugium zur Verlangsamung und Besinnung, als Gegentrend zur globalen Digitalisierung und Beschleunigung.

So sind wir nach unseren Gesprächen und interessanten Einblicken in die „Alpine Welt" mehr denn je überzeugt: Die Alpen präsentieren sich heute als ein sehr vielfältiger und spannender Lebens- und Wirtschaftsraum, von dem aus sehr erfolgreiche Unternehmen weltweit agieren. In vielen Branchen und Bereichen sind Entwicklungspotenziale vorhanden, sodass durch unternehmerisches Handeln, Offenheit und entsprechend gestaltete Rahmenbedingungen und Strukturen, der Alpenraum auch in Zukunft eine besondere *Erfolgsregion* bleiben wird.